SAMMLUNG GÖSCHEN BAND 318/318a

INDUSTRIELLE KRAFT- UND WÄRMEWIRTSCHAFT

von

PROF. DR.-ING. HABIL. FRITZ A. F. SCHMIDT
Direktor des Institutes für Wärmetechnik und Verbrennungsmotoren
der Rheinisch-Westfälischen Technischen Hochschule Aachen

und

DR.-ING. ARNO BECKERS
Oberingenieur am Institut für Wärmetechnik und Verbrennungsmotoren
der Rheinisch-Westfälischen Technischen Hochschule Aachen

WALTER DE GRUYTER & CO.
vormals G. J. Göschen'sche Verlagshandlung · J. Guttentag,
Verlagsbuchhandlung · Georg Reimer · Karl J. Trübner · Veit & Comp.
BERLIN 1957

HERRN DIPL.-ING. HANS MAY,
Assistent am Institut für Wärmetechnik und Verbrennungsmotoren der Rheinisch-Westfälischen Technischen Hochschule Aachen, sind die Verfasser für seine Mitarbeit bei der Zusammenstellung des Materials und bei der Ausarbeitung zu Dank verpflichtet.

Satz und Druck: Thormann & Goetsch, Bln.-Neukölln. — Printed in Germany.

Inhaltsverzeichnis*)

*) Der Inhalt des Bandes entspricht einer erweiterten Wiedergabe der Vorlesung F. A. F. Schmidt: „Kraft- und Wärmewirtschaft" an der Fakultät für Maschinenbau und Elektrotechnik der Technischen Hochschule Aachen.

Einleitung

Der Energiebedarf von Industrie, Verkehr sowie der Vielzahl der Kleinverbraucher hat in den letzten Jahren ständig zugenommen. Während 1929 der gesamte Energieverbrauch der Welt mit $1799 \cdot 10^6$ t SKE[1]) angegeben wurde, betrug er im Jahre 1950 etwa $2677 \cdot 10^6$ t SKE [1]. Dies entspricht einer Steigerung um etwa 49%. An dieser Entwicklung wird sich in den nächsten Jahren im wesentlichen nichts ändern, da die meisten Fortschritte in der Technik mit höherem Energiebedarf verbunden sind. Es kann aber nicht nur Aufgabe der Energiewirtschaft sein, durch Erstellung immer neuer Anlagen zur Energieerzeugung den Bedarf zu befriedigen, vielmehr müssen neue Energiequellen aufgedeckt bzw. erschlossen und schon aus volkswirtschaftlichen Gründen die vorhandenen Rohstoffe in möglichst wirtschaftlicher Weise zur Erzeugung der jeweils benötigten Energieform verwendet werden. Heute kann infolge energiewirtschaftlicher Maßnahmen mit nur einem Viertel der Kohlenmenge die gleiche Strommenge erzeugt werden wie vor 50 Jahren, sodaß trotz einer starken Zunahme des Stromverbrauches lediglich ein geringer Förderanstieg zu verzeichnen ist.

Die Kohle spielt zur Zeit noch zur Erzeugung von elektrischer bzw. Wärmeenergie die wichtigste Rolle. Die durch ihre Verbrennung freigesetzte Energie wird in Dampfkraft-Prozessen teils unmittelbar zur Stromerzeugung, teils kombiniert zur Deckung von Strom- und Wärmebedarf verwendet. Der Wirtschaftlichkeit der Erzeugung von elektrischer Energie werden einerseits aus

---

[1]) Eine t SKE (Steinkohleneinheit) entspricht einer t Steinkohle mit einem Heizwert von 7000 kcal/kg; alle Energiemengen sind auf diese Einheit umgerechnet.

thermodynamischen Gründen je nach Art des angewendeten Prozesses und andererseits durch die Stoffeigenschaften des Arbeitsmediums und der Werkstoffe infolge der dadurch bedingten Begrenzung der Bereiche für die thermodynamischen Prozesse Grenzen gesetzt. Die Kombination von Kraft- und Wärmeerzeugung ist sowohl für die Gesamtwirtschaftlichkeit der einzelnen Betriebe als auch für die Volkswirtschaft von besonderer Bedeutung und bringt meist wirtschaftliche Vorteile. Aufgabe der energiewirtschaftlichen Maßnahmen ist es, das Optimum für den jeweiligen Produktionsfall zu ermitteln.

I. Energiewirtschaftliche Grundlagen

1. Energieformen

Die Formen technisch verwertbarer Energie lassen sich nach ihrer Herkunft in folgende Gruppen einteilen:

Tabelle 1. Einteilung der Energieformen

<table>
<tr><td colspan="10">Energie aus Sonneneinstrahlung</td><td>Kernspaltungs- u. -bindungsenergie</td></tr>
<tr><td colspan="4" rowspan="2">Laufend aus Sonneneinstrahlung verfügbare Energie</td><td colspan="7">Potentielle Energie</td></tr>
<tr><td colspan="6">Energie aus früherer Einstrahlung</td><td></td></tr>
<tr><td>Unmittelb. Sonnen-ein-strahlungs-energie</td><td>Wind-kraft</td><td colspan="2">Wasser-kraft</td><td colspan="6">Brennstoffe</td><td>Kernspaltungs- u. -bindungsenergie</td></tr>
<tr><td rowspan="2"></td><td rowspan="2"></td><td>Fluß-wasserkraft</td><td>Gezeiten-kraft</td><td colspan="4">feste</td><td>flüssig</td><td>gasförmig</td><td rowspan="2"></td></tr>
<tr><td></td><td></td><td>Steinkohle</td><td>Braunkohle</td><td>Holz</td><td>Torf</td><td>Erdöl</td><td>Erdgas</td></tr>
</table>

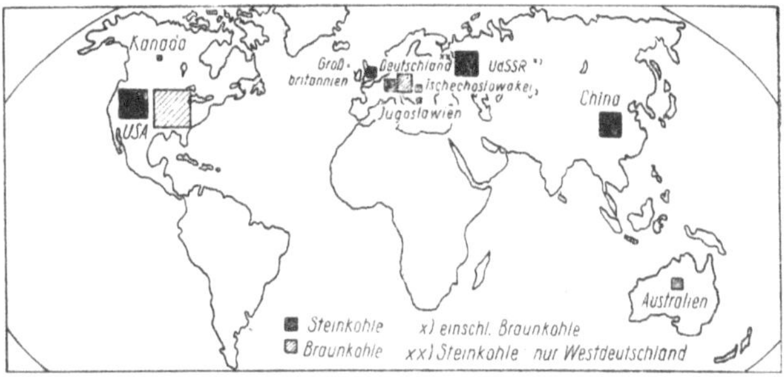

Abb. 1.
Übersicht über die 1954 bekannten Hauptkohlenvorkommen der Erde

2. Energievorräte

a) Kohle

Von allen Energieformen kommt gegenwärtig noch den Brennstoffen, vor allem der Kohle, die größte Bedeutung zu. Da der heutige Anteil der anderen festen Brennstoffe Torf und Holz am Energieumsatz unbedeutend ist, kann

Tabelle 2 [3]

Stand 1952	Steinkohlen-Vorräte Mrd. t	Braunkohlen-Vorräte Mrd. t	Anteil in % der Gesamt-vorräte
Europa ohne UdSSR	215,74	144,18	13,4
UdSSR	425,60	[1])	15,8
USA	699,00	541,00	46,4
übriges Amerika	53,98	45,28	3,7
Asien ohne UdSSR	476,54	6,43	17,9
Afrika	21,15	—	0,8
Australien u. Ozeanien	15,10	38,00	2,0
Gesamte Welt	1907,11	774,89	100,0

[1]) In Steinkohlenmenge enthalten.

auf eine nähere Betrachtung dieser Brennstoffe verzichtet werden. Die Tabellen 2 und 3 sowie Abb. 1 geben einen Überblick über die geographische Verteilung der in wirtschaftlicher Weise ausnutzbaren Kohlenvorräte der Welt, die sich nach den heutigen Schätzungen auf $2682 \cdot 10^9$ t belaufen. Hiervon entfällt nach dem derzeitigen Stand der Kenntnisse nahezu die Hälfte auf die USA, während sich in die zweite Hälfte etwa mit gleichen Anteilen Europa, Asien und die UdSSR teilen.

Tabelle 3 [3]

Aufteilung der Steinkohlen- und Braunkohlenvorräte nach den bedeutendsten Ländern

Stand 1952

	Steinkohlen-vorräte Mrd. t	%	Braunkohlen-vorräte Mrd. t	%
USA	699,00	36,7	541,0	70,0
China	444,50	23,2		
UdSSR	425,60	22,2	[2]	
Deutschland[1]	67,20	6,5	112,0	14,4
Großbritannien	48,73	2,6		
Kanada	38,08	2,0		
Australien			33,0	4,9
Columbien			27,0	3.5
Jugoslawien			12,0	1,6
Tschechoslowakei			12,0	1,6

Die angegebenen westdeutschen Vorräte von 67,2 Mrd. t liegen zwischen 0 und 1200 m Tiefe. Sie verteilen sich zu 97% auf das Ruhrgebiet und Rheinland, zu 2,5% auf das Aachener Revier und zu 0,5% auf Niedersachsen.

In den USA wurden bis heute nur 1% der Vorräte abgebaut. Bei Anhalten der derzeitigen amerikanischen

[1]) Nur Westdeutschland

[2]) In Steinkohlenmenge enthalten.

Förderung reichen diese Vorräte, die zu 25 bis 30% im Tagebau und im Durchschnitt bei Tiefen von 60 m leicht abzubauen sind, noch etwa 2500 Jahre. Die westdeutschen Steinkohlenvorräte, die bei Durchschnittstiefen von ca. 700 m z. T. wesentlich schwieriger zu fördern sind, reichen nur für ein Viertel dieser Zeit.

b) Erdöl

Die Karte der Abb. 1 a gibt einen Überblick über die wichtigsten Erdölfundorte der Welt, die im Gegensatz zu den Kohlevorkommen nur auf relativ wenige Gebiete der Erde konzentriert sind.

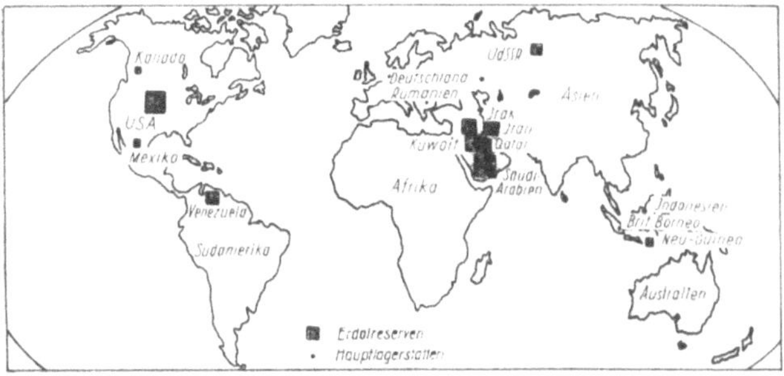

Abb. 1 a.
Übersicht über die bis 1954 bekannten Haupterdölvorkommen der Erde

Gegenwärtig nimmt die Erdölproduktion in der Welt ständig zu. Gleichzeitig werden laufend neue Vorräte entdeckt, deren Erschließung teilweise möglich sein wird. Die nach den heutigen Kenntnissen als sicher geltenden Vorräte sind in den Tabellen 4 und 5 zusammengestellt.

Allein auf die Länder des Nahen Ostens und USA entfallen etwa 80% der gesamten Erdölreserven.

Tabelle 4
Aufteilung der Welterdölreserven nach Gebieten [4]
Stand 1954

Naher Osten	10 700 Mill. t	= 57,24%
Amerika	6200 Mill. t	= 33,17%
UdSSR und Osteuropa	1372 Mill. t	= 7,34%
Ferner Osten und Afrika	360 Mill. t	= 1,92%
Westeuropa	61 Mill. t	= 0,33%
	18 693 Mill. t	

Tabelle 5
Aufteilung der Weltölreserven nach Ländern [4]
Stand 1954

USA	4040 Mill. t	= 21,61%
Saudi-Arabien	3780 Mill. t	= 20,22%
Kuwait	2800 Mill. t	= 14,98%
Iran	2100 Mill. t	= 11,23%
Irak	1730 Mill. t	= 9,26%
Venezuela	1440 Mill. t	= 7,70%
UdSSR	1270 Mill. t	= 6,79%
Kanada	260 Mill. t	= 1,39%
⋮	⋮	
Westdeutschland	41 Mill. t	= 0,22%

c) Wasser- und Windkraft

Die Wasser- und Windkräfte treten in der Natur in einer unregelmäßigen Abhängigkeit von der Zeit auf. Während der Wechsel von Ebbe und Flut — auf dem die Gezeitenkraft beruht — jeweils nach einigen Stunden erfolgt, ist die Wasserführung der Flüsse je nach geographischer Lage und klimatischen Jahresverhältnissen verschieden, jedoch lassen sich gewisse jährliche Perioden feststellen. Abb. 2 zeigt beispielsweise die Wasserführung eines Alpenflusses. In den Sommermonaten ergeben sich infolge Schneeschmelze naturgemäß große Abflußmengen. Im Gegensatz hierzu hat man bei einem Mittelgebirgsfluß nach Abb. 3 im Frühjahr, Herbst und Winter große Wasserführung durch Regenfälle, dagegen Wassermangel in den Sommermonaten.

Die Verteilung des Wasserkraftpotentials (Produkt aus sekundlicher Wassermenge und Gefälle) der Erde ist aus Abb. 4 ersichtlich.

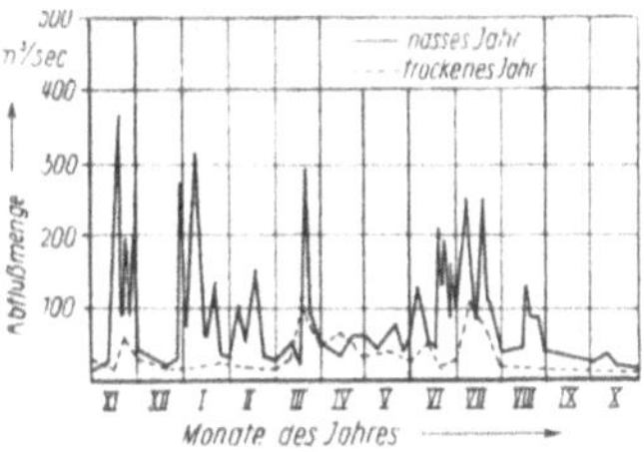

Abb. 2. Wasserführung eines Alpenflusses (Iller)

Mittlere Abflußmengen:

Im Durchschnitt mehrerer Jahre: 46,9 m³/sec
Nasses Jahr: 60,4 m³/sec
Trockenes Jahr: 28,2 m³/sec

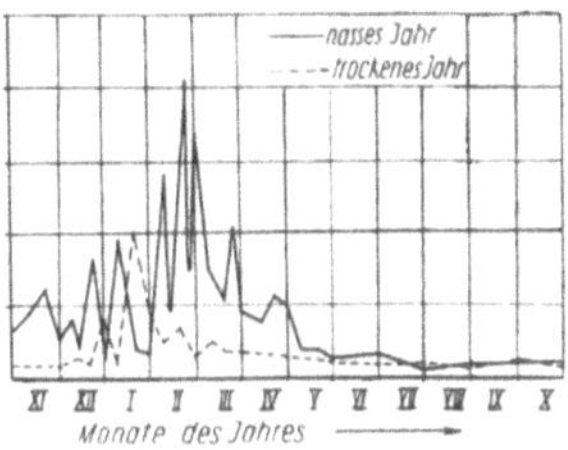

Abb. 3. Wasserführung eines Mittelgebirgsflusses (Main)

Mittlere Abflußmengen:

Im Durchschnitt mehrerer Jahre: 42,6 m³/sec
Nasses Jahr: 65,0 m³/sec
Trockenes Jahr: 28,4 m³/sec

Abb. 4. Geographische Verteilung der bedeutendsten Wasserkraftvorkommen der Erde

Die ausnutzbare Wasserkraft der Welt beläuft sich nach rohen Schätzungen auf 348 Mill. kW [2]. Eine Aufteilung ist in Tabelle 6 wiedergegeben.

Tabelle 6
Ausnutzbare Wasserkraftreserve der Welt [6]

Belgisch Kongo	66 Mill. kW
USA	31 Mill. kW
Franz. Kongo	25,7 Mill. kW
Indien	19,8 Mill. kW
Brasilien	18,4 Mill. kW
UdSSR	17,6 Mill. kW
China	14,7 Mill. kW
Europäischer Teil der UdSSR	6,7 Mill. kW
Deutschland	4,42 Mill. kW
Italien	4,40 Mill. kW
Frankreich	3,68 Mill. kW

Die Windkräfte sind noch größeren zeitlichen Schwankungen unterworfen als die Wasserkräfte, wobei die Höchst- und Kleinstwerte im allgemeinen regellos auftreten. Die wirtschaftliche Ausnutzung des Potentials (Produkt aus Menge und mittlerer Geschwindigkeit) ist im allgemeinen auf eine niedrige Jahresbenutzungsstundenzahl beschränkt.

Die theoretisch aus dem Weltall gewinnbare Energie aus direkter Sonneneinstrahlung ist im nennenswerten Umfang bisher weniger in Betracht gezogen, jedoch kann ihr späterhin und u. U. außerhalb der Erde als Energiequelle z. B. für die Raumschiffahrt eine gewisse Bedeutung zukommen.

3. Erzeugung und Verbrauch

a) Kohle

Die Entwicklung der Steinkohlenförderung während der letzten 30 Jahre ist in Abb. 5 dargestellt. Im Vergleich zur Entwicklung der Energieerzeugung ist der Anstieg der Steinkohlenförderung relativ gering. Dies liegt z. T. an der Verbesserung der Wirtschaftlichkeit der Energieumsetzung, mehr aber noch an der wesentlich stärkeren Heranziehung anderer Energiequellen, z. B. Erdöl, zur Deckung des Energiebedarfs. Eine prozentuale Aufteilung

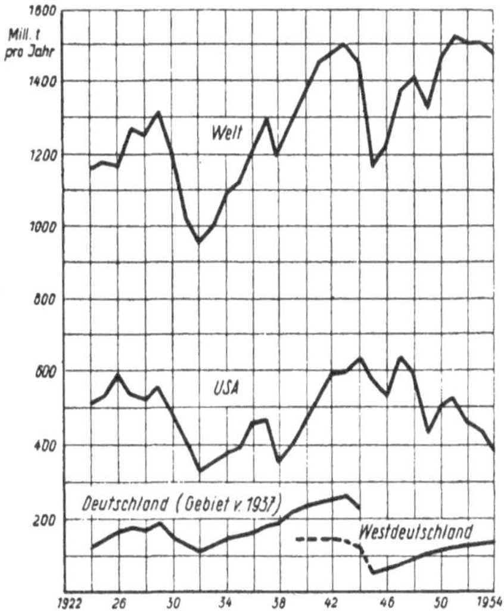

Abb. 5. Entwicklung der Steinkohlenförderung

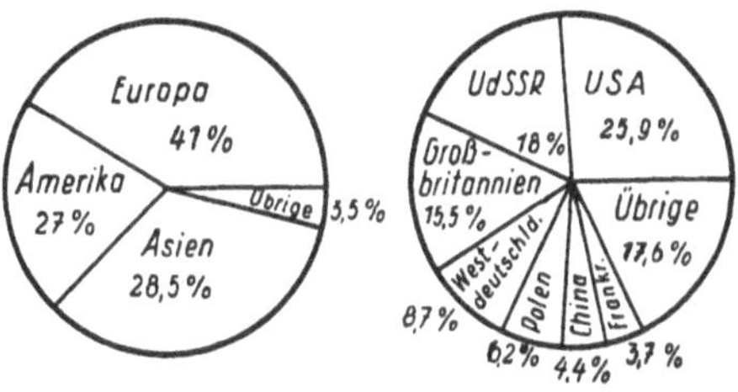

a b

Abb. 6. Übersicht über die Steinkohlenförderung der Welt in % der Weltförderung 1954 (1,476 Mrd. t)
a) nach Kontinenten b) nach Ländern

der Förderung der Welt sowie den Anteil der bedeutendsten Länder zeigt Abb. 6 [9].

Abb. 7 zeigt am Beispiel für Westdeutschland, in welcher Weise sich der Kohlenverbrauch auf die einzelnen Verbrauchergruppen aufteilt. In dieser Darstellung ist Braunkohle, außer Rohbraunkohle, eingeschlossen.

Abb. 8 zeigt die prozentuale Aufteilung der Braunkohlenförderung der Welt [9] und Tab. 7 die Entwicklung der Förderung der letzten Jahre in Westdeutschland [7; 8]. Der Anteil der Briketterzeugung ist ebenfalls eingetragen.

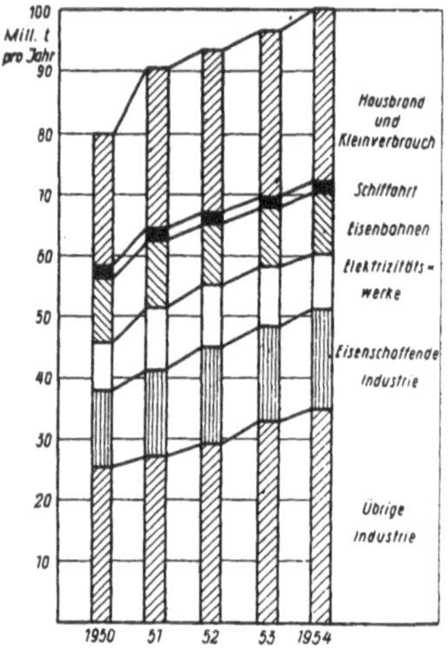

Abb. 7. Kohlenverbrauch der Hauptverbrauchergruppen in Westdeutschland

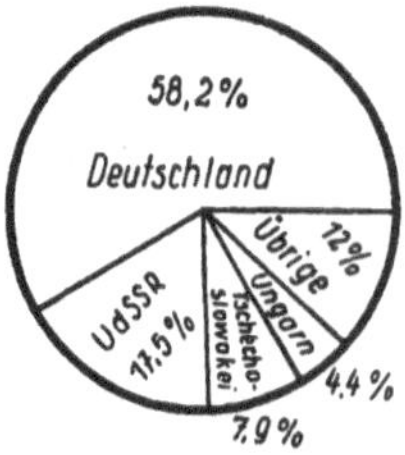

Abb. 8. Übersicht über die Braunkohlenförderung der Erde in % der Förderung von 1954 (456,78 Mill. t)

Tabelle 7

	Braunkohlenförderung in Mill. t	Braunkohlenbriketts in Mill. t
1946	52	12
1950	78	17
1954	87	18

b) Erdöl und Erdgas

Die Erdölförderung der Welt hat in den letzten Jahren erheblich zugenommen, wie man an Hand der Abb. 9 erkennen kann [10, 11]. Dies ist in erster Linie auf die Mehrausbeute in den vorderasiatischen Ländern (Emirat, Kuwait, Saudiarabien) zurückzuführen. Die Förderung beträgt zur Zeit etwa 679 Mill. t pro Jahr. Das entspricht einer Steigerung um 30% gegenüber 1950. Die Verteilung auf die bedeutendsten Länder ist in Abb. 10 dargestellt [12].

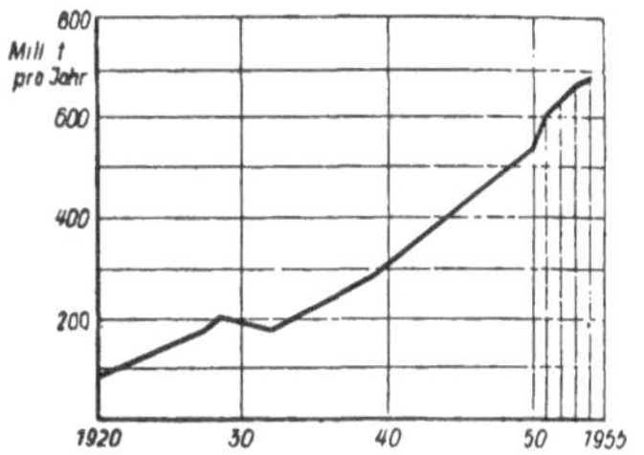

Abb. 9. Entwicklung der Erdölförderung der Welt

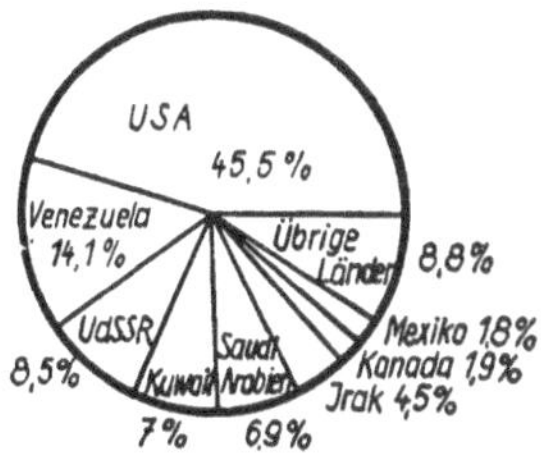

Abb. 10. Übersicht über die Erdölförderung der Welt in % der Förderung von 1954 (679 Mill. t)

In Westeuropa gibt es nur zwei Länder mit nennenswerter Erdölförderung, nämlich Deutschland und Österreich. Ersteres steht mit einer jährlichen Förderung von etwa 2,6 Mill. t, entsprechend ca. 0,4% der Weltförderung, an 18. Stelle der Produktionsländer und spielt also nur eine unbedeutende Rolle. In den letzten Jahren hat sich die Erdölförderung nahezu verdoppelt. An der gesamten Produktion sind das Gebiet um Hannover und das Emsland mit ungefähr 80% beteiligt. Im Jahre 1954 konnte in Deutschland etwa ein Drittel des gesamten Erdölbedarfs aus der eigenen Produktion gedeckt werden.

Über den Erdölverbrauch in Westdeutschland gibt Tabelle 8a Aufschluß [10]:

Tabelle 8a

Stand 1954

Dieselkraftstoff	2,186 Mill. t = 32,4%
Vergaserkraftstoff	2,075 Mill. t = 30,7%
Heizöl	0,593 Mill. t = 8,8%
Bitumen	0,542 Mill. t = 8,1%
Rest	1,365 Mill. t = 20,0%
Gesamter Verbrauch	6,761 Mill. t = 100,0%

Demnach entfallen über 60% des gesamten Verbrauches auf motorische Kraftstoffe. Vergleicht man die Zahlen der auf ein Kraftfahrzeug entfallenden Einwohner einiger Länder, so kann man ersehen, daß der deutsche Ölverbrauch gegenüber anderen Staaten relativ gering sein muß.

Tabelle 8b

Stand 1954

USA	3 Einw./Kraftfahrzeug
England	13 Einw./Kraftfahrzeug
Frankreich	14 Einw./Kraftfahrzeug
Westdeutschland	27 Einw./Kraftfahrzeug

Der Energiegewinnung aus Erdgas kommt bisher nur in den USA größere Bedeutung zu [13]. Die Produktion entwickelte sich sehr rasch, sie stieg von 1949 bis 1950 von 184 Mrd. Nm^3 auf 237 Mrd. Nm^3. An Vorräten sind bisher 4920 Mrd. Nm^3 bekannt, es werden jedoch laufend neue Quellen ausfindig gemacht.

Das Erdgas wird zur Zeit über ein Fernleitungsnetz aus den Erdgasfeldern über nahezu den ganzen nordamerikanischen Kontinent geleitet, besonders in das Industriegebiet im Osten der USA, wo es vielfach als zusätzliche Energiequelle für die Wärme- und Kraftwirtschaft verwandt wird. Der Preis des Gases ist relativ gering und beträgt nur etwa 10—50% des Kaloriepreises von Dieselöl auf dem Weltmarkt.

c) Wasser- und Windkraft

Die ausgebauten Wasserkräfte der Welt betragen augenblicklich etwa 40 Mill. kW, das entspricht mehr als 10% des ausnutzbaren Wasserkraftpotentials. Beispiele für ihre Verteilung auf einzelne Länder ergeben sich aus Tabelle 9 und 10.

Tabelle 9

Ausnutzung von Wasserkraft einiger Länder [14], Stand 1952

Land	in % der ausgebauten Wasserkraft der Welt	Leistung	in % der wirtschaftl. ausnutzb. W.-K.
USA	30,8	12.25 Mill. kW	39,6
Kanada	13,7	5,54 Mill. kW	42,0
Deutschland	7,9	3,21 Mill. kW	72,0
Japan	7,6	3,08 Mill. kW	
Frankreich	7,1	2.86 Mill. kW	
Italien	6,9	2,80 Mill. kW	
Schweiz	4.3	1,73 Mill. kW	94,0
Schweden	3,26	1,32 Mill. kW	
Norwegen	2,55	1,03 Mill. kW	93,0
Spanien	2,55	1,03 Mill. kW	

Tabelle 10

Energieerzeugung aus Wasserkraft in Westdeutschland (1951) [15]

	Ausbauleistung MW	Jahresarbeit Mill. kWh	Jahresbenutzungsstunden h[1])
Westdeutschland	2573,3	10 539,0	4100
davon entf.			
Donaugebiet	1148,4	6 101,8	5320
Rheingebiet	1250,0	4 200,0	3360
Wesergebiet	174,9	237,2	1350

[1]) $\text{Jahresbenutzungsstunden} = \frac{\text{Jahresarbeit}}{\text{Jahreshöchstlast}}$

Die Ausnutzung der Windkräfte hat bisher noch keine wesentliche Bedeutung erlangt. Unter Umständen kann sie in windstarken Gebieten mit zur Energieerzeugung hinzugezogen werden. Als Beispiel seien die Möglichkeiten für Schottland erwähnt. Es gibt dort eine Anzahl von windstarken Gebieten [16], in denen die jährliche Windgeschwindigkeit im Mittel 30 km/h beträgt. Unter Ausnutzung dieser verfügbaren Energie mit Windkrafteinheiten von etwa 5000 kW mit je 2 Windrädern von 90 m Durchmesser könnten bei einem Wirkungsgrad von 25% etwa 66% des derzeitigen Energiebedarfs Schottlands von 3,5 Mrd. kWh gedeckt werden. Es wurden bereits erfolgreiche Vorversuche mit einer 100-kW-Windkraftanlage auf den Orkney-Inseln durchgeführt.

d) Gesamtenergieerzeugung und -verbrauch [17]

In den beiden folgenden Tabellen 11 und 12 sind die gesamte Energieerzeugung und der gesamte Energieverbrauch der Welt für das Jahr 1950 wiedergegeben. Die Zahlenangaben beziehen sich auf die geförderten und verbrauchten Mengen Brennstoff bzw. auf die erzeugte und verbrauchte Wasserkraftenergie. Die einzelnen Energieformen wurden hierbei in Tonnen SKE umgerechnet, wobei 1 t Anthrazit = 1 t SKE, 1 t Benzin und Dieselöl = 1,5 t SKE, 1 t Holz = 0,25 t SKE und 1000 kWh Wasserkraftstrom = 0,6 t SKE gesetzt wurde.

Ein Vergleich der prozentualen Anteile von Kohle, Erdöl und Erdgas an der gesamten Energieerzeugung mit entsprechenden Werten früherer Jahre zeigt, daß z. Z. ein ständiger Rückgang der Bedeutung der Kohle zugunsten von Erdöl und Erdgas zu beobachten ist. Man rechnet damit, daß in etwa 20 Jahren die Kohle mit nur noch einem Drittel an der gesamten Energieerzeugung beteiligt sein wird, dagegen Öl und Erdgas mit ungefähr 40 bzw. 25%.

Die Aufteilung des Energieverbrauches auf die verfügbaren Energiequellen für Deutschland zeigt Abb. 11

[18]. Unter Energieverbrauch ist wieder der Verbrauch an Kohle, Erdöl, Holz und Wasserkraftstrom verstanden, wobei die Umrechnung der einzelnen Energieformen auf Steinkohleneinheiten (SKE) entsprechend den Angaben auf Seite 18 durchgeführt wurde.

Tabelle 11

Weltenergieerzeugung 1950

Land	Gesamterz. Mill. t SKE	Feste Brennst. %	Flüss. Brennst. %	Naturgas %	Wasserkraftstrom %
Nordamerika	1219,6	42,6	30,6	19,7	7,1
Europa	735,4	88,5	1,8	0,6	9,1
Ozeanien	23,5	88,5	—	—	11,5
UdSSR[1])	326,8	79,6	15,1	3,4	1,9
Afrika	34,0	88,2	9,4	—	2,4
Lateinamerika	150,6	4,2	89,0	2,6	4,2
Asien	275,0	42,9	46,2	0,5	10,4
Ges. Welt	2774,9	58,1	25,3	9,4	7,2

Tabelle 12

Weltenergieverbrauch 1950

Land	Energieverbrauch				
Nordamerika	1230,2	39,7	32,8	20,4	7,1
Europa	780,8	81,4	9,4	0,6	9,1
Ozeanien	32,0	64,7	26,9	—	8,4
UdSSR	356,1	75,5	19,6	3,1	1,8
Afrika	39,7	72,6	25,4	—	2,0
Lateinamerika	65,5	13,9	68,8	7,5	9,8
Asien	172,4	68,0	14,7	0,7	16,6
Ges. Welt	2676,7	58,6	23,8	10,2	7,4

1) Nach dem letzten Jahresplan der UdSSR soll die Kohlenförderung bis 1960 auf 593 Mill. t gesteigert werden.

In Deutschland kommt also der Kohle mit etwa 90% die größte Bedeutung zu. Hiervon entfallen nur 14% auf Braunkohle, da deren Heizwert wesentlich kleiner als der der Steinkohle ist.

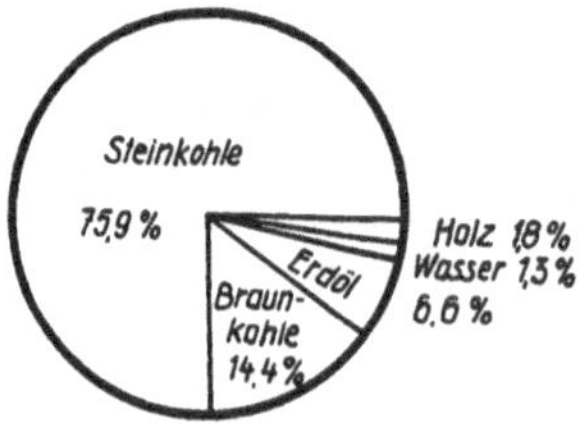

Abb. 11. Energieverbrauch in Westdeutschland (1953) (in % des Gesamtverbrauches von 102,28 Mill. t SKE)

In Tabelle 13 sind die Anteile der einzelnen Energiequellen an der installierten Leistung der öffentlichen Kraftwerke in Westdeutschland wiedergegeben.

Tabelle 13

Aufteilung der öffentlichen Kraftwerkleistung [19]
Stand 1. 1. 1954

	Installierte Leistung in MW	Anteil an Gesamtleistung
Steinkohle	4887,9	54,2%
Braunkohle	1910,2	21,2%
Laufwasser	1246,6	13,8%
Speicher	684,8	7,6%
Pumpspeicher ohne natürlichen Zufluß	247,0	2,8%
Rest	36,8	0,4%
Sämtliche	9013,3	100,0%

Den Anteil der Energiequellen an der Stromerzeugung der öffentlichen Kraftwerke Westdeutschlands für 1953 zeigt Tabelle 14.

Gegenüber dem Jahre 1945 hat der prozentuale Anteil der Braunkohle an der öffentlichen Stromversorgung um 15,2% zugenommen, der der Steinkohle dagegen nur um 5%. Eine weitere Verschiebung in diesem Sinne wird auch in Zukunft erwartet.

Tabelle 14

Anteil der Energiequellen an der öffentlichen Stromerzeugung 1953

in Prozent der Brutto-Erzeugung von 1953: 36 408 Mill. kWh

Steinkohle		47,4%
Braunkohle		31,0%
Laufwasser	17,9%	
Speicherwasser	1,9%	
Pumpspeicherung	1,8%	
Wasser		21,6%
Gesamt		100,0%

Über die Aufteilung von Stromerzeugung und -verbrauch in Westdeutschland (1953) gibt Tabelle 15 Aufschluß [19]:

Tabelle 15a

Stromerzeugung des öffentlichen Netzes

Abgabe der öffentlichen Werke	34 613 Mill. kWh
Industrie-Einspeisung	4 907 Mill. kWh
Stromabgabe an das öffentliche Netz	39 520 Mill. kWh

Tabelle 15b

Stromverbrauch der Verbrauchergruppen aus dem öffentlichen Netz

	Mill. kWh	%
Industrie	21 495	54,1
Haushalt	5 462	13,7
Handel und Gewerbe	3 568	9,0
Verkehr	1 589	4,0
Öffentliche Einrichtungen	1 585	4,0
Landwirtschaft	1 036	2,6
Verluste und Nichterfaßtes	4 785	12,6
Stromabgabe des öffentlichen Netzes	39 520	100,0

Tabelle 15c

Gesamtstromerzeugung

Öffentliche Kraftwerke (Brutto-Erzeugung)	36 408 Mill. kWh	59,6%
Industrieeigenanlagen	24 090 Mill. kWh	39,5%
Bahneigene Kraftwerke	573 Mill. kWh	0,9%
	61 071 Mill. kWh	100,0%

In Abb. 12 und 13 ist zum Vergleich die prozentuale Aufteilung des Energieverbrauches in USA angegeben. [20] Die Kohle nimmt mit etwa 32% hinter Erdöl mit 40% nur den zweiten Platz ein, während ihr vor etwa 5 Jahren noch die größte Bedeutung zukam.

4. Standortfrage

Die Wasser- und Windkräfte sind ortsgebundene Energieformen und müssen dort verbraucht werden, wo sie vorhanden sind. Auf die Transportmöglichkeit der in elektrische Energie umgewandelten Energieformen sei hier nicht eingegangen. Bei den Brennstoffen Kohle, Öl und Gas ist hingegen ein Transport möglich und daher der Verbrauch unter Berücksichtigung der folgenden Wirtschaftlichkeitsüberlegungen grundsätzlich unabhängig vom Ort der Förderung.

Maßgebend für die Wahl des Standortes des Verbrauchers ist in erster Linie der Wärmepreis des

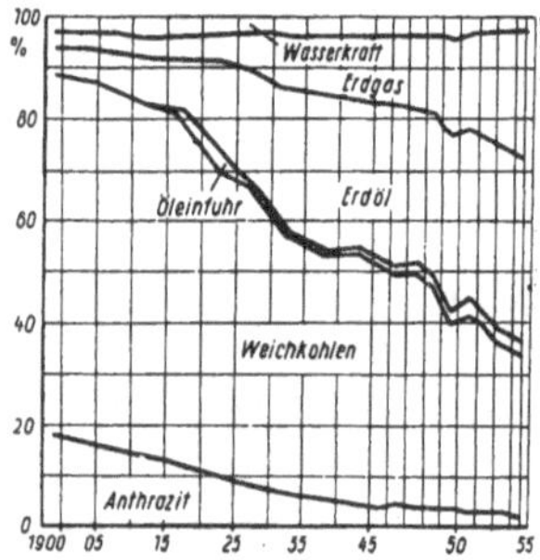

Abb. 12. Entwicklung des Energieverbrauchs in den USA

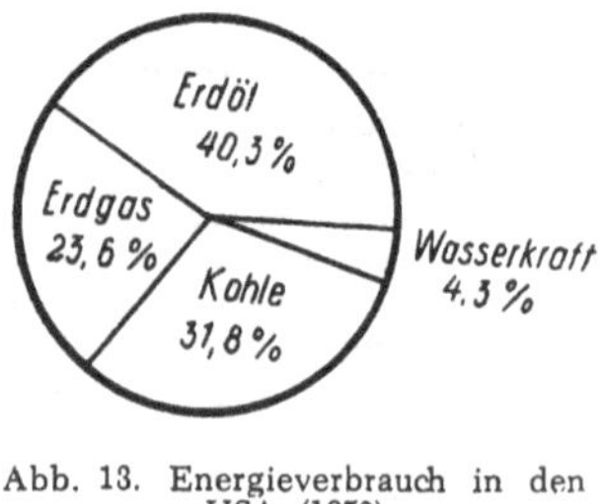

Abb. 13. Energieverbrauch in den USA (1953)

Brennstoffes, Dieser hängt vornehmlich von drei Faktoren ab:

1. Wärmepreis am Ort der Förderung,
2. Transportkosten,
3. Zoll- bzw. Steuerbelastung.

Da diese Faktoren in den einzelnen Ländern verschieden und auch einer ständigen Änderung unterworfen sind, läßt sich die Standortfrage nicht durch Angabe allgemeingültiger Gesetzmäßigkeiten beantworten.

Die Kohle ist bis heute in Europa infolge des Fehlens nennenswerter Erdölvorkommen (außer UdSSR) Hauptenergiequelle geblieben. Auf ihrer Basis hat sich die europäische Industrie entwickelt. Um die Transportkosten gering zu halten, sind die einzelnen Industrieunternehmen in geringer Entfernung von den Zechen entstanden. Auch heute noch gilt im wesentlichen die allgemeine Regel, energieintensive Betriebe am Ort der Kohlenförderung zu errichten.

Die Transportkosten der Kohle spielen allerdings nur dann eine ausschlaggebende Rolle, wenn der Wärmepreis (der Preis der kcal) bei den einzelnen Zechen gleich ist. Sind die Kosten für die Förderung sehr gering, so kann u. U. ein längerer Anlieferungsweg in Kauf genommen werden. Hieraus erklärt sich beispielsweise der amerikanische Kohlenimport europäischer Länder, der 1951 etwa 25 Mrd. t Steinkohlen betrug (Kohlenförderung der Bundesrepublik 119 Mrd. t). Denn die USA sind in der Lage, die Steinkohle zu einem Preis zu fördern, der zwischen einem Drittel und der Hälfte der europäschen Kohlenpreise liegt. Rechnet man für die Transportkosten zu den europäischen Atlantik-Häfen einen Zuschlag von 150 bis 200% des amerikanischen Kohlenpreises, so kann die Kohle aus Übersee mindestens zu dem gleichen Preise wie die deutsche angeboten werden. Im Mittelmeerraum ist sie sogar billiger, damit ist auch ihr höherer Anteil an den italienischen Kohleimporten zu erklären.

Das Erdöl hat in den letzten Jahren immer mehr an energiewirtschaftlicher Bedeutung gewonnen und verdrängt langsam die Kohle aus ihrer Stellung als Hauptenergiequelle. Das beruht vornehmlich auf den überaus geringen Förder- und Transportkosten. Dadurch verliert auch die Standortfrage viel an Bedeutung. Der Wärmepreis für Erdöl beträgt heute an der nordamerikanischen Atlantikküste nur einen Bruchteil des Wärmepreises der Kohle ab Zeche. Infolgedessen stellen sich in den USA beispielsweise auch in Kohlengebieten die Energieverbraucher allmählich auf Öl um. Für Hausbrand ist Öl schon seit einiger Zeit weit verbreitet. Eine ähnliche Entwicklung wäre vermutlich auch in Europa eingetreten, wenn nicht der Import von Erdöl bzw. Erdölerzeugnissen, durch hohe Steuern und Zölle reduziert, Erwägungen über die Konjunkturabhängigkeit des Importes und volkswirtschaftliche Gründe mitspielen würden.

II. Wärmetechnische Grundlagen der Energieumwandlung

1. Wasserdampfkreisprozesse

Eine unmittelbare Umsetzung der im Brennstoff chemisch gebundenen Energie in elektrische oder mechanische Energie ist nur mit besonderen Prozessen möglich, deren industrielle Verwirklichung bisher nicht gelungen ist. Im Normalfall wird die primär erzeugte Wärme an ein Arbeitsmedium — Wasserdampf hat hierfür die größte Bedeutung erlangt — abgegeben, von dem dann sekundär Energie in der gewünschten Form erzeugt wird. Bei dem als Vergleichsprozeß üblichen theoretischen Prozeß (dem Clausius-Rankine-Prozeß), der im T-S-Diagramm der Abb. 14 dargestellt ist und als Berechnungsgrundlage für Dampfkraftanlagen allgemein Verwendung findet, wird das Speisewasser bei konstantem Druck p_1 zunächst auf Sättigungstemperatur erwärmt (3 — 4), dann verdampft (4 — 5) und auf die Temperatur t_1 überhitzt (5 — 1). Anschließend erfolgt eine adiabatische Entspannung des Dampfes in der Turbine (1 — 2_{ad}) bis auf den Gegendruck p_2, wobei je kg Dampf die Arbeit L_{ad} geleistet wird. Dann wird der Dampf bei konstantem Druck p_2 kondensiert (2_{ad} — 3) und das Kondensat wieder adiabatisch auf p_1 verdichtet und in den Kessel eingespeist.

Die bei der Erwärmung auf Sättigungstemperatur aufgewandte Wärmemenge q_{fl} (Flüssigkeitswärme) entspricht der Fläche a — 3 — 4 — b, die Verdampfungswärme r der Fläche b — 4 — 5 — c und die Überhitzungswärme $q_{ü}$ der Fläche c — 5 — 1 — d. Für die gesamte in einem Dampfkessel zugeführte Wärme erhält man also die Fläche a — 3 — 4 — 5 — 1 — d. Da die im Kondensator abgeführte Wärme durch die Fläche a — 3 — 2_{ad} — d dargestellt wird, ergibt sich für die adiabatische Arbeit (Differenz zwischen zugeführter und abgeführter Wärme) die Fläche 1 — 2_{ad} — 3 — 4 — 5. Der Arbeitsbedarf der Kesselspeisepumpe in der Größenordnung von 1%[1]) wird üblicherweise vernachlässigt. In Abb. 14 wurde die Verdichtung des Kondensats nicht eingezeichnet, weil die Isobaren im Flüssigkeitsgebiet nur in ganz geringem Abstand oberhalb der Grenzkurve verlaufen und für praktische Fälle mit der linken Grenzkurve x = 0 zusammenfallend betrachtet werden können. Der wirkliche Dampfturbinenprozeß weicht vom theoretischen insofern ab, als die Entspannung in der Turbine mit

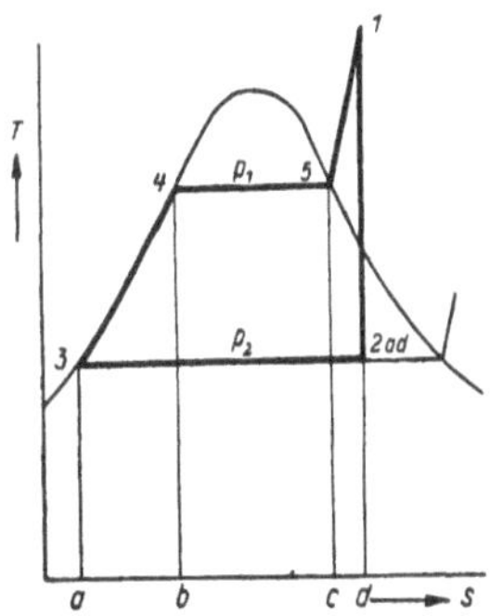

Abb. 14. Clausius-Rankine-Prozeß im T-s-Diagramm

[1]) Bei hohen Kesseldrücken beträgt der Arbeitsaufwand für die Speisepumpe bis zu 3 %.

Verlusten durch Reibung, Wirbelung etc. verbunden ist. Die wirkliche Arbeit der Turbine L_i (innere Arbeit) ist um die Verluste kleiner als die adiabatische.

Der Zustandsverlauf während der Expansion in der Turbine kann schematisch annähernd durch die Strecke 1 — 2 in Abb. 15 dargestellt werden. Im Kühlwasser wird nunmehr eine um die Fläche d — 2_{ad} — 2 — e größere Wärmemenge abgeführt als beim verlustlosen Prozeß. Die Arbeit als Differenz zwischen zu- und abgeführter Wärme ist um die Verluste geringer geworden. Die Größe der Verluste entspricht also dem Wärmewert der Fläche d — 2_{ad} — 2 — e.

Bei Kondensationsanlagen, die nur der Stromerzeugung dienen, liegt der Gegendruck (Kondensatordruck p_2) zwischen 0,04 und 0,07 ata. Er wird im wesentlichen durch die Kühlwassertemperatur bestimmt, wobei weiterhin zwischen Kühlwasser und Abdampf zur Aufrechterhaltung des Wärmeüberganges bei vorgegebener Wärmetauscherfläche eine bestimmte Temperaturdifferenz notwendig ist. Bei Frischwasserkühlung (z. B. durch Flußwasser) rechnet man mit durchschnittlichen Wassertemperaturen von 15° C, bei Rückkühlung (durch Kühltürme) mit etwa 27° C. Demnach läßt sich ein Gegendruck von 0,04 ata meist nur bei Frischwasserkühlung erreichen. Diese hat außerdem den Vorteil, daß die Anlage- und Unterhaltungskosten für die Kühltürme usw. entfallen. Daher ist man bestrebt, Neuanlagen nach Möglichkeit an Seen oder Flüssen zu errichten.

Bei Heizkraft-Anlagen, die der Strom- und gleichzeitigen Wärmeerzeugung dienen, wird der Dampf nicht vollständig im Kondensator niedergeschlagen, sondern ein Teil oder die gesamte Abdampfmenge wird nutzbar zur Wärmeabgabe herangezogen. Für eine Entnahme-Kondensationsanlage, bei der ein Teil des Dampfes nach der Hochdruckstufe zu Heizzwecken verwandt wird, ergeben sich bei Annahme adiabatischer Expansion die in Abb. 16 dargestellten Verhältnisse.

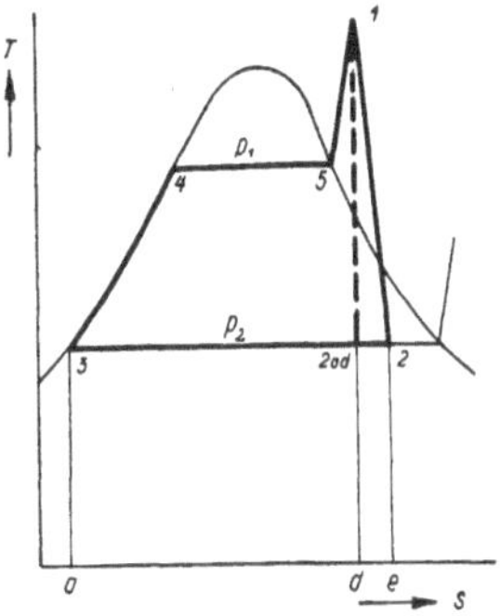

Abb. 15. Schematische Darstellung des Arbeitsprozesses eines Kondensationskraftwerkes im T-s-Diagramm

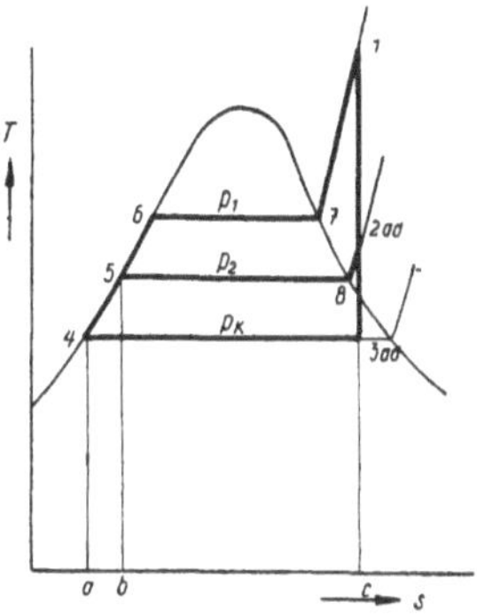

Abb. 16. Schematische Darstellung des verlustlosen Arbeitsprozesses einer Entnahme-Kondensationsanlage im T-s-Diagramm

Die Fläche $12_{ad}8567$ in Abb. 16 stellt die im Hochdruckteil, d. h. bei der Entspannung von p_1 auf p_2, gewonnene Arbeit je kg Dampf dar. Der beim Druck p_2 entnommene Teil des Dampfes, der zu Wärmezwecken verwandt wird, gibt bei seiner Kondensation beim Druck p_2 je kg eine Wärmemenge entsprechend der Fläche b 582_{ad} c ab, während der restliche in der Niederdruckturbine expandierende Dampf je kg eine Arbeit gemäß der Fläche $2_{ad}\,3_{ad}\,458$ liefert. Die mit dem Kühlwasser beim Druck p_K abgeführte Kondensationswärme wird durch die Fläche a 43_{ad} c dargestellt.

Wie aus dem Vergleich der gewonnenen Wärmemengen bzw. Arbeiten leicht zu ersehen ist, stellt eine Kombination von Kraft- und Wärmeerzeugung immer eine erhebliche Verbesserung der Wirtschaftlichkeit dar. Während der Entnahmedampf bei Entspannung in der ND-Stufe eine Arbeit entsprechend der Fläche $2_{ad}\,3_{ad}\,458$ liefern würde, gibt er nunmehr zu Heizzwecken die wesentlich größere Wärmemenge gemäß Fläche b 582_{ad} c ab.

2. Wirkungsgrade, Dampf- und Wärmeverbrauch, Anlagenkennwerte

Im i-s-Diagramm der Abb. 17 ist ein einfacher Kraftwerksprozeß wiedergegeben.

Die zu- bzw. abgeführten Wärmemengen und die in der Turbine gewonnene Arbeit sind als Enthalpiedifferenzen dargestellt. Es ergibt sich für die adiabatische Arbeit der Turbine je kg Dampf:

$$A\,L_{ad} = i_1 - i_{2ad}$$

und für die innere Arbeit der Turbine

$$A\,L_i = i_1 - i_2\,.$$

Es bedeuten im folgenden:

L : Arbeit je kg Dampf in mkg/kg
i : Enthalpie in kcal/kg
N_{el}: Elektrische Leistung in kW
η : Wirkungsgrad als Verhältniszahl
A : Mechanisches Wärmeäquivalent $= \frac{1}{427}\,\frac{\text{kcal}}{\text{mkg}}$

Dem Dampf im Kessel zugeführte Wärme:

$$q = i_1 - i_w.$$

Im Kondensator abgeführte Wärme:

$$q_K = i_2 - i_w$$

Für den thermischen Wirkungsgrad des Clausius-Rankine-Prozesses, auch als maximaler thermischer Wirkungsgrad bezeichnet, ergibt sich

$$\eta_{th_{max}} = \frac{A\,L_{ad}}{i_1 - i_w}.$$

Die Güte der Maschinenausführung wird durch den inneren Wirkungsgrad oder Gütegrad gekennzeichnet. Es gilt hierfür

$$\eta_g = \eta_i = \frac{L_i}{L_{ad}}.$$

Bei üblichen Turbinenausführungen liegt η_i in der Größenordnung von 0,75—0,85, wobei die hohen Werte für große und moderne Anlagen gelten. Durch den mechanischen Wirkungsgrad werden die mechanischen Verluste wie Lagerreibung usw. erfaßt. Ist L_e die an der Kupplung verfügbare Arbeit, so wird

$$\eta_m = \frac{L_e}{L_i}.$$

Übliche Werte für η_m liegen zwischen 0,95 und 0,98.

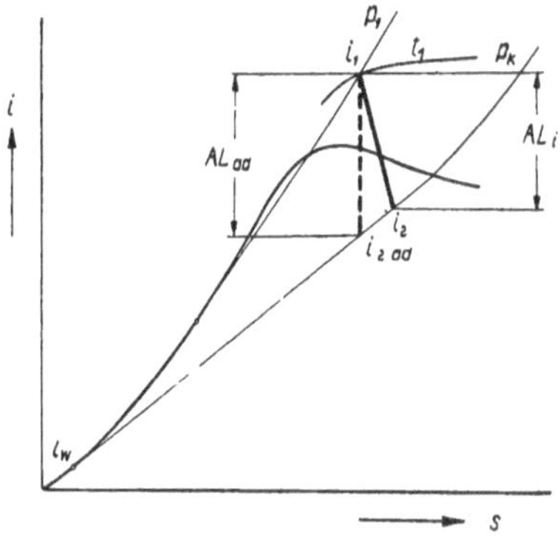

Abb. 17. Schematische Darstellung des Arbeitsprozesses einer Kondensationsturbine im i-s-Diagramm

Der elektrische Wirkungsgrad kennzeichnet die elektrischen Verluste, im wesentlichen die des Generators. Wird die an den Klemmen verfügbare Arbeit (je kg Dampf) mit L_{el} bezeichnet, so folgt

$$\eta_{el} = \frac{L_{el}}{L_e}.$$

Die elektrischen Wirkungsgrade von Generatoren liegen in der gleichen Größenordnung wie die mechanischen, η_{el} = 0,95—0,98[1]).

[1]) Die Verluste von Umspannstation, Übertragungsleitungen etc. sind hierin nicht enthalten.

Als thermischen Wirkungsgrad des wirklichen Prozesses definiert man:

$$\eta_{th} = \frac{A \cdot L_i}{i_1 - i_w}$$

Der Kesselwirkungsgrad kennzeichnet das Verhältnis der vom Wasser bzw. dem Dampf im Kessel aufgenommenen Wärme zu der dem Kessel zugeführten Wärme:

$$\eta_K = \frac{G_D\ (i_1 - i_w)}{B \cdot H_u}$$

Hierin bedeutet G_D das stündliche Dampf-, B das stündliche Brennstoffgewicht und H_u der untere Heizwert der Kohle. Bei alten und kleinen Anlagen liegt η_K zwischen 0,78—0,80. Bei großen, modernen Kesseln werden Wirkungsgrade über 90% erreicht. Das Verhältnis G_D/B wird als Verdampfungsziffer bezeichnet.

Das Verhältnis der Kupplungsleistung zu der dem Dampf zugeführten Wärme stellt den Gesamtwirkungsgrad oder effektiven Wirkungsgrad der Maschinenanlage dar.

$$\eta_{e_{masch}} = \frac{A\ L_e}{i_1 - i_w} = \eta_{th_{max}} \cdot \eta_i \cdot \eta_m$$

Bezieht man die elektrische Leistung auf die zugeführte Brennstoffwärme, so erhält man den wirtschaftlichen oder Gesamtwirkungsgrad der Anlage einschließlich Kessel

$$\eta_w{}^{1)} = \frac{860\ N_{el}}{B \cdot H_u} = \eta_{th_{max}} \cdot \eta_i \cdot \eta_m \cdot \eta_{el} \cdot \eta_K$$

wobei $N_{el} = G_D \cdot A \cdot L_{el}/860$ ist.

Verhältig dem Kehrwert des Wirkungsgrades η_w ist der spezifische Wärmeverbrauch W in kcal/kWh oder kcal/PSh.

$$W_e = \frac{860}{\eta_w} \qquad \frac{\text{kcal}}{\text{kWh}}$$

---

1) auch η_e bzw. $\eta_{eAnlage}$ genannt. Der Eigenenergiebedarf für Speisewasserpumpen, Gebläse etc. ist hierin nicht enthalten.

oder $$W_e = \frac{632}{\eta_w} \quad \frac{\text{kcal}}{\text{PSh}}.$$

Gelegentlich wird W auf $\eta_{e\,masch}$ bzw. η_{th} oder $\eta_{th\,max}$ bezogen.

In der Praxis wird häufig statt mit der spezifischen Arbeit mit dem spezifischen Dampfverbrauch D[1]) gearbeitet. Er kann auf L_{ad}, L_i, L_e oder L_{el} bezogen sein. Im allgemeinen wird der Dampfverbrauch in kg Dampf/kWh angegeben, dann gilt beispielsweise

$$D_{el} = \frac{860}{AL_{el}} = \frac{860}{AL_{ad} \cdot \eta_i \cdot \eta_m \cdot \eta_{el}} \quad \frac{\text{kg}}{\text{kWh}}$$

oder $$D_{el} = \frac{G_D}{N_{el}}.$$

Der spezifische Brennstoffverbrauch b_e läßt sich aus der Beziehung

$$b_e = \frac{B}{N_{el}}$$

oder $$b_e = \frac{860}{\eta_w \cdot H_u} \quad \frac{\text{kg}}{\text{kWh}}$$

ermitteln.

Bezogen auf die PSh ergibt sich

$$b_e = \frac{632}{\eta_w \cdot H_u} \quad \frac{\text{kg}}{\text{PSh}}.$$

Bei Einführung des spezifischen Brennstoffverbrauches gilt für den Wärmeverbrauch auch die Beziehung:

$$W_e = b_e \cdot H_u.$$

Die Wirkungsgrade hängen von der Belastung ab. Ein flacher Verlauf der Wirkungsgradkurve über einen möglichst großen Leistungsbereich wird angestrebt.

Es gibt verschiedene Kennzahlen zur Bewertung der Ausnutzung bzw. Belastung einer Anlage, die an Hand eines Belastungsdiagrammes (Abb. 18 a) erklärt werden sollen.

---

[1]) Im allgemeinen werden für spezifische Größen kleine Buchstaben verwendet. Da aber D weitgehend eingeführt ist, wurde auf eine Änderung verzichtet.

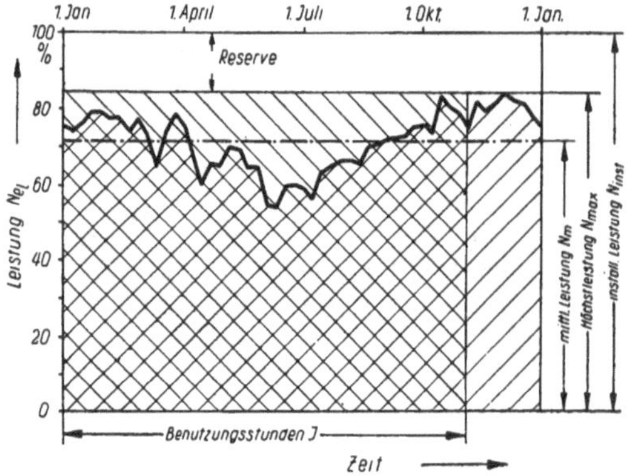

Abb. 18 a. Belastungsdiagramm des Kraftwerkes eines chemischen Großbetriebes (Grundstoff-Chemie, Leistung etwa 200 MW)

Der Belastungsfaktor gibt das Verhältnis

$$\frac{\text{mittlere Leistung}}{\text{Spitzenleistung}}$$

wieder. Hierbei wird unter Spitzenleistung die höchste innerhalb eines betrachteten Zeitraumes einmalig auftretende Leistung verstanden, nicht die installierte Leistung, für die die Anlage ausgelegt ist! Der Belastungsfaktor wird im allgemeinen entweder auf einen Tag oder ein Jahr bezogen. Demnach ist zu unterscheiden zwischen

$$\text{Tagesbelastungsfaktor} = \frac{\text{mittlere Tagesleistung}}{\text{Tageshöchstleistung}} \quad \text{und}$$

$$\text{Jahresbelastungsfaktor} = \frac{\text{mittlere Jahresleistung}}{\text{Jahreshöchstleistung}}$$

Die gesamte Tages- bzw. Jahresarbeit läßt sich durch Ausplanimetrieren des Belastungsdiagrammes ermitteln (/// schraffierte Fläche). Für die mittlere Leistung ergibt sich entsprechend

$$\text{mittlere Tagesleistung} = \frac{\text{Tagesarbeit in kWh}}{24\ \text{h}}$$

$$\text{mittlere Jahresleistung} = \frac{\text{Jahresarbeit in kWh}}{8760\ \text{h}}.$$

Bei Darstellung der gesamten Jahresarbeitsfläche als Rechteck mit der Jahreshöchstleistung als Ordinate (\\\ schraff.) stellt die Abszisse die „Jahresbenutzungsstunden" dar. Diese Zahl gibt an, wieviel Stunden das Kraftwerk bei Höchstlast in Betrieb sein müßte, um die gesamte Jahresarbeit zu erzeugen. Es gilt demnach

$$\text{Jahresbenutzungsstunden} = \frac{\text{Jahresarbeit in kWh}}{\text{Jahreshöchstlast in kW}}$$
$$= \text{Jahresbelastungsfaktor} \cdot 8760\ \text{h}.$$

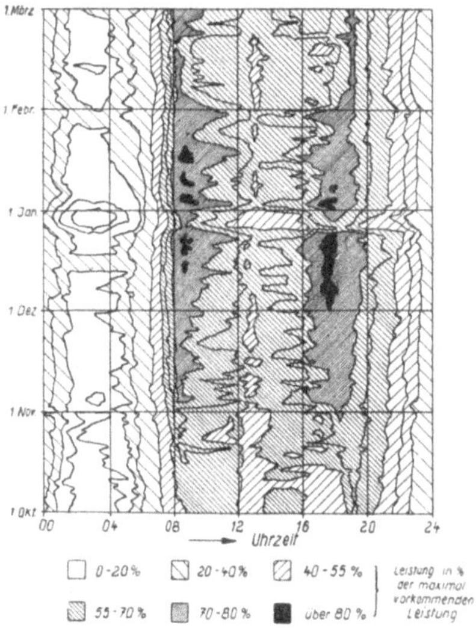

Abb. 18 b. Belastungsdiagramm für den Versorgungsbetrieb einer mittelgroßen Stadt

Von etwa 4500 Jahresbenutzungsstunden an wird eine Anlage als wirtschaftlich bezeichnet, jedoch gilt diese Aussage für den allgemeinen Fall. In Sonderfällen kann eine Wirtschaftlichkeit auch bei wesentlich geringeren Jahresbenutzungsstunden gegeben sein. Der Belastungsverlauf für den Stromversorgungsbetrieb einer mittelgroßen Stadt über einen Zeitraum von mehreren Monaten ist in Abb. 18b dargestellt.

Eine Übersicht über Jahresbenutzungsstunden von Kraftwerken vermittelt Tabelle 16 a. Außerdem sind für einige Industriezweige, die ihren Energiebedarf durch Eigenanlagen decken, durchschnittliche Jahresbenutzungsstunden angegeben.

Tabelle 16a [22]

Land		Laufwasser	Speicher	Pumpspeicher	Braunkohle	Steinkohle
Schlesw.-Holstein	MW		3			240
	Std.		3030			3930
Hamburg	MW					410
	Std.					4400
Niedersachsen	MW	8,7	7		24	646
	Std.	5230	1480		4400	3780
Nordrh.-Westf.	MW	59	28	109	903	1273
	Std.	3500	1730	1720	6750	5340
Bremen	MW	8				197
	Std.	5880				3440
Hessen	MW	25	31	113	142	76
	Std.	5340	1320	711	4500	3710
Württ.-Baden	MW	78				541
	Std.	6320				3820
Bayern	MW	677	87		88	249
	Std.	5900	2820		5570	3160
Südbaden	MW	173	351			5
	Std.	7810	1770			673
Württ.-Hohenz.	MW	48	8			
	Std.	5100	1540			
Rheinland Pfalz	MW	24	6			80
	Std.	4140	1800			4740

Richtwerte für Jahresbenutzungsstunden von industriellen Eigenanlagen

Bergbau	6000 h
Chemische Industrie	5300 h
Metall- und Hüttenindustrie	5000 h
Textilindustrie	3700 h
Papierindustrie	2800 h

Als Ausnutzungsfaktor n ist das Verhältnis

$$n = \frac{\text{mittlere Nutzleistung}}{\text{installierte Leistung}}$$

definiert. Er wird im allgemeinen der Kostenrechnung zugrunde gelegt. Die Ausnutzungsfaktoren sind in den einzelnen Industriezweigen sehr verschieden. In Tab. 16 b sind aus den Betriebsergebnissen einzelner Industriezweige Beispiele für die Ausnutzungsfaktoren angegeben, die jedoch für diese keine Durchschnittswerte, sondern Einzelbeispiele darstellen. Der Zusammenhang mit den Werten der vorhergehenden Tabelle ist durch die folgende Beziehung gegeben:

Jahresbenutzungsstunden = 8760 · Ausnutzungsfaktor · Reservefaktor (Reservefaktor = Installierte Leistung/Jahreshöchstlast).

Tabelle 16b

Richtwerte für Ausnutzungsfaktoren von industriellen Eigenanlagen

Zechen	n = 0,55—0,7
Papierindustrie	n = 0,3—0,5
Zuckerindustrie (Saisonbetrieb)	n = 0,15
Maschinenindustrie	n = 0,5—0,7
Elektrizitätsindustrie	n = 0,3—0,55
Textilindustrie	n = 0,3—0,4

In Abb. 19 ist als Beispiel das Belastungsdiagramm der Kesselanlage einer Maschinenfabrik wiedergegeben.

Es ist im allgemeinen vorteilhaft, die Kraftwerksbelastung aufzuteilen auf Grundlastwerke, die dauernd mit annähernd konstanter Last arbeiten, und Spitzenlastwerke, die die auftretenden Lastspitzen übernehmen. Als Grundlastwerke werden nur moderne Anlagen hoher Wirtschaftlichkeit verwandt, die hohe Wirkungsgrade, große Leistungseinheiten und Verwendung billiger Brennstoffe (Braunkohle) aufweisen. Der dadurch bedingte hohe Bauaufwand tritt gegenüber den erreichten wirtschaftlichen Vorteilen in seiner Bedeutung zurück. Bei Spitzenlast-Kraftwerken lohnen sich hohe Anlagekosten wegen der kurzen Betriebsdauer normalerweise nicht. Man nimmt hierbei schlechtere Wirkungsgrade in Kauf.

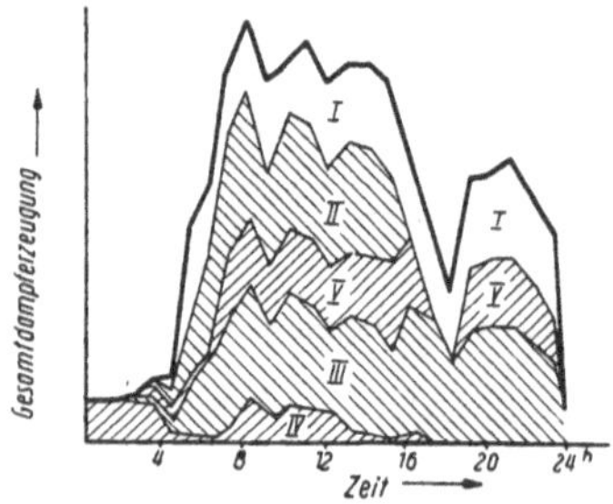

Abb. 19. Tagesbelastungsdiagramm eines Kesselhauses (Kessel I—V)

3. Methoden zur Verbesserung der Wirtschaftlichkeit (Zwischenüberhitzung, Regenerativverfahren)

a) Zwischenüberhitzung

Mit der Höhe des Dampfdruckes steigt (bis zu einer bestimmten Druckgrenze) das ausnutzbare Wärmegefälle des Dampfes, wenn Frischdampftemperatur und Kondensatordruck gleich bleiben. Weiterhin ist die Erzeugungswärme des Dampfes bei höheren Drücken im Vergleich zum verfügbaren Wärmegefälle geringer. Daher ergibt sich mit einer Steigerung des Anfangsdruckes eine Verbesserung der Wirtschaftlichkeit, der jedoch durch die mit dem Druck zunehmenden Anlagekosten eine Grenze gesetzt ist. Jedoch muß eine Dampfnässe von mehr als 10 bis 12% in den letzten Stufen der Niederdruckturbine vermieden werden, weil dadurch Schaufelerosion hervorgerufen, die Dampfströmung behindert und wegen der höheren Wärmeübergangszahl von Naßdampf im Vergleich zu überhitztem Dampf ein größerer Wärmeaustausch mit der Wand verursacht wird, so daß der Gütegrad der Turbine sinkt. Die Beseitigung dieses Nachteils ist durch höhere Frischdampftemperatur grundsätzlich denkbar, jedoch ist eine Steigerung der Temperatur über 600 bis 650° C z. Z. nicht zu verwirklichen, weil bei dieser Temperatur die Probleme der nicht ausreichenden Warmfestigkeit der Werkstoffe vorerst nicht gelöst sind.

Man läßt daher den Dampf nur zum Teil expandieren, überhitzt ihn wieder und entspannt ihn dann erst bis auf den Kondensatordruck. Durch entsprechende Wahl der Zwischenüberhitzungstemperatur ist es möglich, eine unzulässig hohe Dampfnässe in den letzten Stufen der Turbine zu vermeiden. Durch Zwischenüberhitzung steigert man gleichzeitig die Leistung, da die Summe der Wärmegefälle wegen der Zunahme der spezifischen Wärme mit der Temperatur, die sich im i-s-Diagramm durch divergierenden Verlauf der Isobaren in Richtung höherer Temperaturen auswirkt, größer ist als ohne Zwischenüberhitzung.

In Abb. 20 ist ein Dampfprozeß mit einfacher Zwischenüberhitzung im i-s-Diagramm dargestellt.

Der Wirkungsgrad $\eta_{e\,masch}$ dieser Anlage ergibt sich zu:

$$\eta_{e\,masch.} = \frac{[(i_1 - i_2) + (i_3 - i_4)] \cdot \eta_m}{(i_1 - i'_K) + (i_3 - i_2)}$$

wobei $i_3 - i_2$ dem Wärmemehraufwand für die Zwischenüberhitzung entspricht. Im allgemeinen wird Zwischenüberhitzung erst bei höheren Frischdampfdrücken etwa oberhalb 100 ata angewendet.

Die Durchführung der Zwischenüberhitzung ist prinzipiell auf verschiedene Arten möglich:

1. Zwischenüberhitzung durch Rauchgase:
   Der Dampf wird hierbei nach Verlassen der HD-Turbine wieder in den Kessel zurückgeleitet und auf die gewünschte

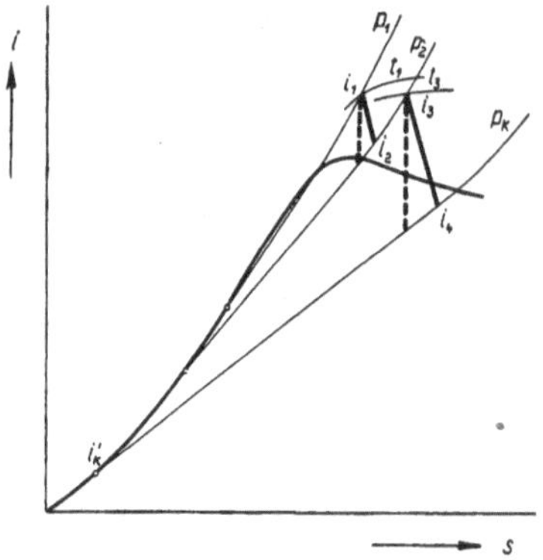

Abb. 20. Schematische Darstellung eines Kraftwerksprozesses mit Zwischenüberhitzung im i-s-Diagramm

Temperatur überhitzt. Nachteilig ist bei diesem Verfahren die Länge und Größe der Rohrleitungen (wegen des großen spezifischen Volumens), der hierdurch bedingte Druckverlust und die hohen Anlagekosten. Andererseits kann die Zwischenüberhitzungstemperatur beliebig z. B. bis auf die Anfangstemperatur gesteigert werden.

2. Zwischenüberhitzung durch kondensierenden Frischdampf: Bei diesem Verfahren wird gemäß Abb. 21 ein Teil des Frischdampfes vor der HD-Turbine abgezweigt und in einen Wärmetauscher geleitet, wo er kondensiert und seine Verdampfungswärme an den in der HD-Turbine entspannten Dampf abgibt. Das Kondensat wird direkt wieder in den Kessel gepumpt.
   Dieses Verfahren ist einfacher und billiger als das erste, weil nur hochgespannter Dampf (kleines spezifisches Volumen) und Wasser durch die Rohrleitungen strömen und wegen der kleineren Länge der Leitungen nur ein geringer Druckverlust auftritt. Außerdem läßt sich die Temperatur besser regeln. Von Nachteil ist, daß die Zwischenüberhitzungstemperatur nur kleiner als die Sättigungstemperatur bei Frischdampfdruck sein kann.
3. Zwischenüberhitzung mittels durch strömenden Frischdampf beheizte Wärmetauscher wird kaum verwendet.

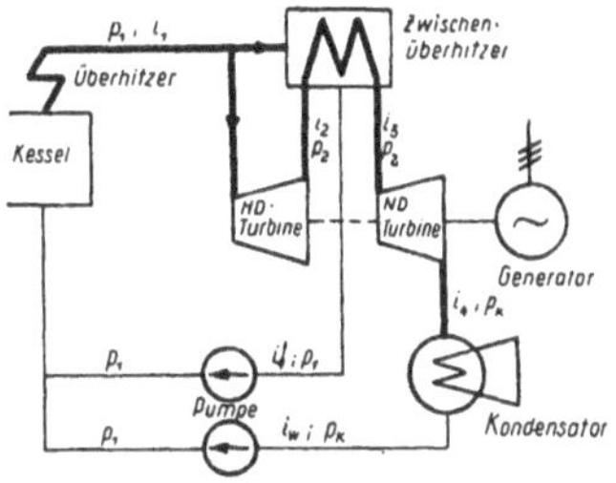

Abb. 21. Schaltschema eines Dampfkraftprozesses mit Zwischenüberhitzung mittels kondensierendem Frischdampf

b) Regenerativverfahren

Beim Regenerativverfahren erfolgt eine Vorwärmung des Kesselspeisewassers mittels Anzapfdampf aus der Turbine. Man bezeichnet das Verfahren auch als Carnotisierung des Clausius-Rankine-Prozesses, weil dadurch eine Annäherung dieses Prozesses an den Carnot-Prozeß erreicht wird.

Das vereinfachte Schaltschema einer derartigen Anlage mit einstufiger Speisewasservorwärmung zeigt Abb. 22. Vom gesamten Dampfdurchsatz G_0 wird der Turbine beim Druck p_2 die Dampfmenge G_E entnommen. Der Rest wird

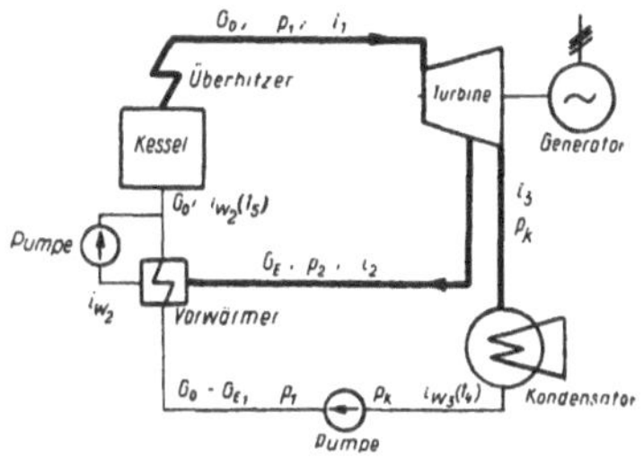

Abb. 22. Schema einer einstufigen Speisewasservorwärmung durch Anzapfdampf

bis auf den Kondensatordruck p_K entspannt. Das Entnahmegewicht G_E wird so bemessen, daß seine in einem Wärmetauscher abgegebene Verdampfungswärme das aus dem Kondensator kommende Speisewasser auf die Temperatur t_5 aufheizen kann. Nimmt man einen vollkommenen Wärmetauscher an, so entspricht t_5 der Sättigungstemperatur des Wassers beim Druck p_2. Die adiabatische Leistung der Turbine bei der Entspannung von p_1 auf p_2 beträgt $N_{ad12} = G_0 \cdot (i_1 - i_2)/860$, und bei der Expansion von p_2 auf p_K (vgl. Abb. 23) $N_{ad_{23}} = (G_0 - G_E)\ (i_2 - i_3)/860$

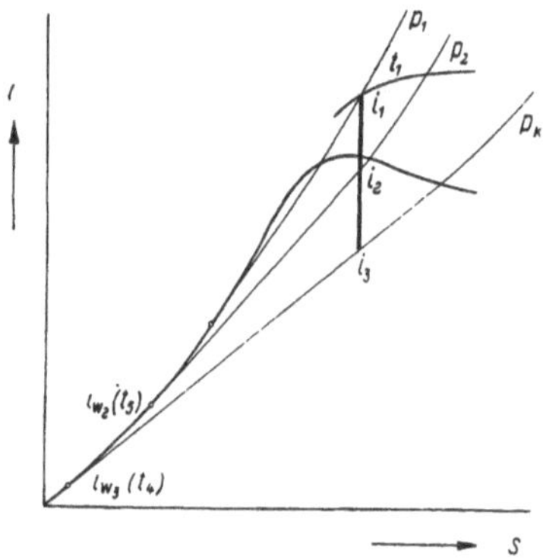

Abb. 23. Darstellung eines verlustlosen Dampfkraftprozesses mit einstufiger Speisewasservorwärmung mittels Anzapfdampf im i-s-Diagramm

Die Leistung ist also um $G_E\,(i_2 - i_3)/860$ kleiner als bei einem Prozeß ohne Vorwärmung. Andererseits braucht im Kessel nur die Wärmemenge $Q = G_0\ (i_1 - i_{w_2})$ aufgebracht zu werden gegenüber $Q = G_0\ (i_1 - i_{w_3})$ beim Prozeß ohne Vorwärmung. Vergleicht man die vom Entnahmedampf abgegebene nutzbare Wärme:

$$G_E \cdot (i_2 - i_{w_2}) = (G_0 - G_E)\ (i_{w_2} - i_{w_3})$$

mit der Leistungseinbuße $G_E \cdot (i_2 - i_3)$, so ist der wärmetechnische Vorteil offensichtlich.

Sehr anschaulich läßt sich das Regenerativverfahren auch im T-s-Diagramm darstellen, Abb. 24.

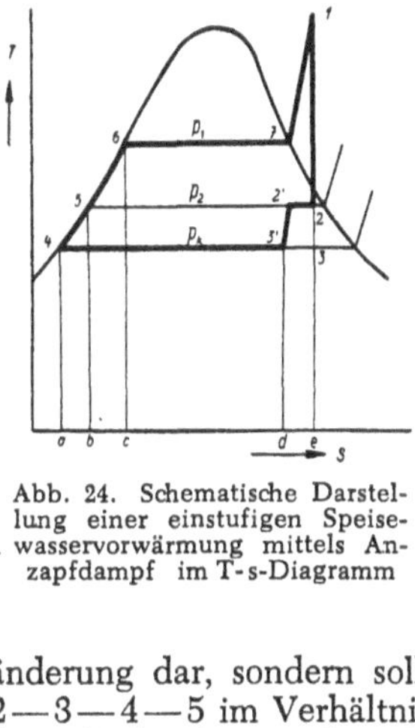

Abb. 24. Schematische Darstellung einer einstufigen Speisewasservorwärmung mittels Anzapfdampf im T-s-Diagramm

Die bei der Expansion im HD-Teil von p_1 auf p_2 in der Turbine gewonnene Arbeit $(i_1 - i_2)$ entspricht der Fläche 1 — 2 — 5 — 6 — 7 — 1. (Das T-s-Diagramm ist auch hier, wie üblich, auf 1 kg bezogen.) Ohne Vorwärmung wird in der ND-Stufe die Arbeit $(i_2 - i_3)$ entsprechend Fläche 2 — 3 — 4 — 5 — 2 gewonnen, mit Vorwärmung die Arbeit $\frac{(G_0 - G_E) \cdot (i_2 - i_3)}{G_0}$. Dieser Arbeitsbetrag soll der Fläche 2′ — 3′ — 4 — 5 entsprechen. Die Linie 2′ — 3′ stellt also keine Zustandsänderung dar, sondern soll den Wärmewert der Fläche 2 — 3 — 4 — 5 im Verhältnis der Gewichte $(G_0 - G_E)$ und G_0 aufteilen. Demnach verhält sich:

$$\frac{G_0 - G_E}{G_0} = \frac{2'-3'-4-5}{2-3-4-5} \approx \frac{2'-5}{2-5} = \frac{3'-4}{3-4}.$$

Der Verlust an Leistung entspricht der Fläche 2 — 3 — 3′ — 2′, so daß die gesamte Turbinenleistung durch die Fläche 1 — 2 — 2′ — 3′ — 4 — 6 — 7 — 1 wiedergegeben wird. Die entsprechende im Kessel weniger aufzubringende Wärmemenge ist durch Fläche a — 4 — 5 — b gegeben.

Eine mehrstufige Vorwärmung ist in Abb. 25 dargestellt.

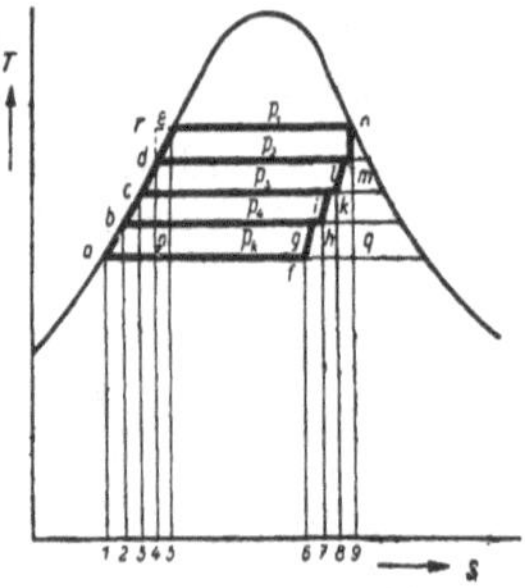

Abb. 25. Mehrstufige regenerative Speisewasservorwärmung

Der Turbine wird Dampf in drei Stufen bei den Drücken p_2, p_3 und p_4 entnommen. Beim Druck p_2 wird z.B. soviel Dampf angezapft, daß seine verfügbare Verdampfungswärme der Fläche 8–k–l–m–9 entsprechen soll, die bei der Kondensation in einer entsprechenden Vorwärmerstufe die Flüssigkeitswärme 3 — c — d — 4 deckt. Die Entnahmemenge beim Druck p_3 wird ebenfalls so gewählt, daß ihre abgegebene Kondensationswärme (Fläche 7 — h — i — k — 8) das Wasser von b auf c aufwärmt, also die Flüssigkeitswärme 2 — b — c — 3 aufbringt usw. (Die jeweiligen Gewichtsunterschiede müssen beachtet werden, s. S. 81.)

Im Kessel braucht daher lediglich die Wärmemenge entsprechend der Fläche d — e — n — 9 — 4 aufgebracht zu werden, die gleich der Fläche a — e — n — m — l — k — i — h — g — f — 6 — 1 ist. Die Arbeit der Turbine läßt sich durch die Fläche a — e — n — m — l — k — i — h — g — f — a bzw. Fläche p — d — e — n — q darstellen, so daß die Verringerung der Turbinenarbeit gegenüber dem Prozeß ohne Vorwärmung der Fläche a — d — p und der Gewinn durch nicht aufzuwendende Wärme im Kessel der Fläche a — d — 4 — 1 entspricht. Im Kühlwasser wird die Wärmemenge entsprechend Fläche 1 — a —f — 6 gleich Fläche 4 — p — q — 9 abgeführt. Vergleicht man den Prozeß mit einem Carnotprozeß zwischen den gleichen Temperaturgrenzen (Fläche p — r — n — q), so unterscheiden sich beide — von der endlichen Stufenzahl abgesehen — nur um die Fläche d — r — e. Durch eine Vergrößerung der Zahl der Vorwärmstufen läßt sich demnach eine beliebige Annäherung an den Carnotprozeß erreichen.

Praktisch geht man jedoch mit der Zahl der Vorwärmstufen über 3 bis 9 (je nach Betriebsdaten der Anlage) nicht hinaus.

Die Verbesserung der Wirkungsgrade bzw. des Wärmeverbrauches in Abhängigkeit von der Speisewassertemperatur und der Zahl der Vorwärmstufen zeigt an einem Beispiel Abb. 26.

Es handelt sich hierbei um eine Kondensationsanlage ohne Zwischenüberhitzung mit den Daten

$$p_1 = 80 \text{ ata}, \ t_1 = 510° \text{ C}, \ p_K = 0{,}06 \text{ ata}.$$

Als Vorwärmer kommen sowohl Oberflächen- als auch Mischvorwärmer in Frage. Mischvorwärmer zeichnen sich durch größere Einfachheit aus und haben den Vorteil, daß das Wasser praktisch bis auf die Sättigungstemperatur des Anzapfdampfes erwärmt werden kann. Außerdem lassen sie sich als Entgaser benutzen, daher wird meist ein Mischvorwärmer zur Entgasung vorgesehen. Nachteilig ist, daß hinter jedem Vorwärmer eine Kondensatpumpe in die Hauptspeisewasserleitung eingesetzt werden muß, um das Wasser auf die nächst höhere Druckstufe zu fördern.

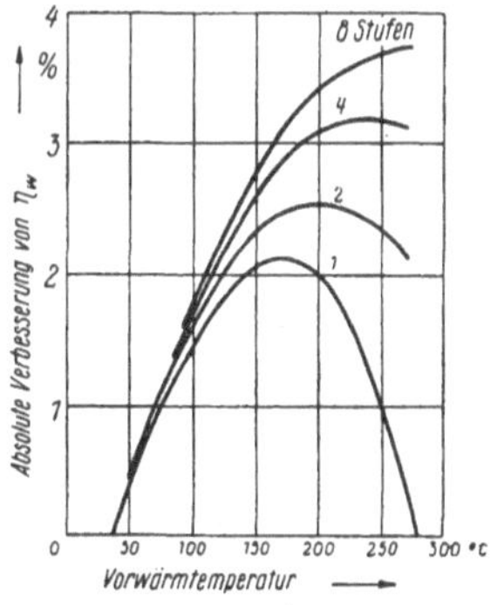

Abb. 26. Absolute Verbesserung des wirtschaftlichen Wirkungsgrades bei stufenweiser Speisewasservorwärmung durch Anzapfdampf
p_1 = 80 at, t_1 = 510 ° C, ohne Zwischenüberhitzung
p_K = 0,06, Mischvorwärmer

Bei Verwendung von Oberflächenvorwärmern ist ein Temperaturunterschied von 3 bis 10 ° C zwischen Speisewasser und Heizdampfkondensat wegen des Wärmeaustausches erforderlich. Die Ableitung des Heizdampfkondensates erfolgt so, daß das Kondensat jeder Vorwärmstufe durch eine besondere Pumpe in die Hauptspeisewasserleitung gedrückt wird. In Kap. III_1 ist ein entsprechendes Schaltschema hierfür angegeben. Es ist auch möglich, das Kondensat der Vorwärmer jeweils in die nächst niedere Stufe zu drosseln. Ein Beispiel der verschiedenen Schaltungsmöglichkeit von Vorwärmern zeigt Abb. 27.

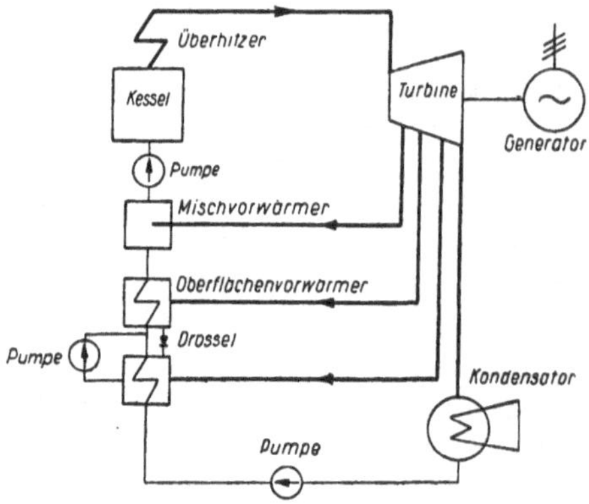

Abb. 27. Schematische Darstellung verschiedener Methoden der Speisewasservorwärmung mittels Anzapfdampf

c) Erhöhung von Dampfdruck, Dampftemperatur und Turbineneinheitsleistung

Zur Verbesserung der Wirtschaftlichkeit sind im Kraftwerksbau weiterhin folgende Entwicklungstendenzen zu erkennen: 1. Übergang zu höheren Drücken, 2. Übergang zu höherer Temperatur, 3. Steigerung der Turbineneinheitsleistung.

Der Einfluß der Druckerhöhung auf die Verbesserung des Wirkungsgrades ist aus Abb. 28 a zu erkennen. Bei großen Leistungseinheiten sind die Verbesserungsmöglichkeiten relativ größer, da der Turbinenwirkungsgrad bei größerem Dampfdurchsatz z. B. wegen relativ geringeren Spaltverlusten besser wird. Die Verbesserungsmöglichkeiten durch Erhöhung der Dampftemperatur sind in Abb. 28 b wiedergegeben. Der Einfluß der Temperaturerhöhung ist

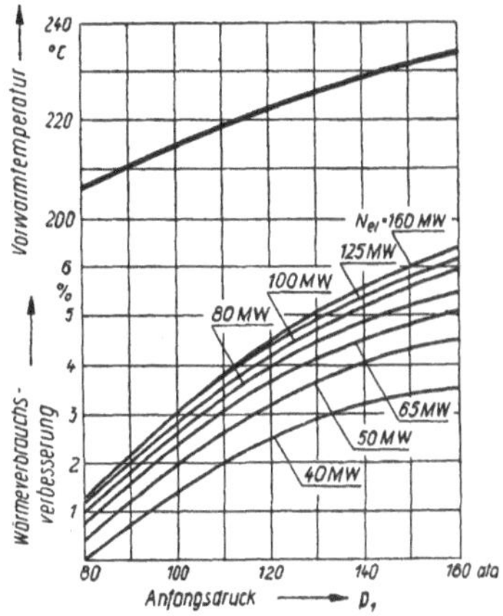

Abb. 28 a. Wärmeverbrauchsverbesserung durch Erhöhung von Frischdampfdruck und Einheitsleistung der Turbine gegenüber einer Anlage mit 80 ata Frischdampfdruck und 40 MW Einheitsleistung. (Theoretisch errechnet unter Berücksichtigung von Erfahrungswerten für die Wirkungsgrade.) Frischdampftemperatur 540°C, sechsfache Speisewasservorwärmung, 15° C Kühlwassertemperatur, Leistungsangaben entsprechen Regelleistung, Kesselwirkungsgrad nicht im Wärmeverbrauch enthalten. [nach W. R. Felix, P. Hummel]

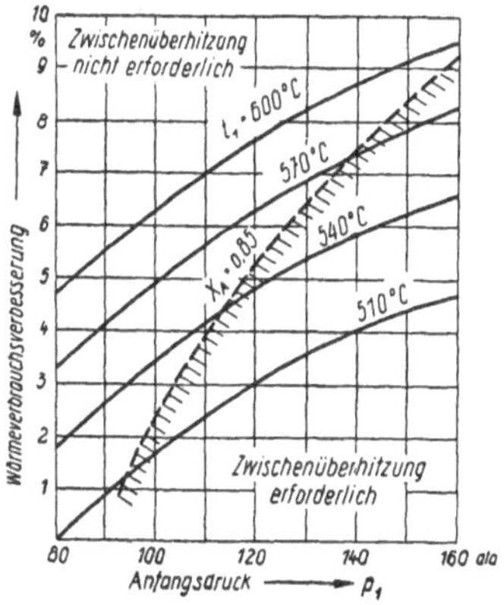

Abb. 28 b. Wärmeverbrauchsverbesserung durch Erhöhung von Frischdampfdruck und Frischdampftemperatur gegenüber einer Anlage mit 80 ata, 510° C.

Einheitsleistung 100 MW (Regelleistung). Sechsstufige Speisewasservorwärmung, 15° C Kühlwassertemperatur, zulässige Dampfnässe bei Austritt aus Turbine 15% (ohne Berücksichtigung von Entwässerungseinrichtungen). Kesselwirkungsgrad nicht im Wärmeverbrauch enthalten [nach W. R. Felix, P. Hummel]

also viel wirksamer, jedoch muß erwähnt werden, daß kleine Gewinne mit einem relativ großen Kostenaufwand auf der Werkstoffseite erkauft werden müssen, während bei Druckerhöhung für die im hohen Druckbereich liegenden Bauteile ein vergleichsweise bescheidenerer Aufwand erforderlich ist. In Abb. 28 b ist weiterhin die Kurve x = 0,85 entsprechend der maximal zulässigen Dampfnässe von 15% eingetragen, und zwar unter der Voraussetzung einer Rückkühltemperatur von 15° C. Diese Kurve zeigt deutlich, daß bei Übergang zu höheren Dampfdrücken und -temperaturen der Enddampfnässegehalt in einen tragbaren Bereich kommt, so daß eine Zwischenüberhitzung überflüssig wird, während für Betriebsdaten unterhalb dieser Kurve und bei Frischdampfdrücken oberhalb des kritischen Druckes im allgemeinen eine Zwischenüberhitzung noch notwendig wird. In Abschnitt III_1 sind einige Daten über bereits erreichte Dampfdrücke, Dampftemperaturen und Leistungseinheiten angeführt.

4. Energiespeicherung

Der Energieverbrauch ist starken Schwankungen unterworfen. Deshalb muß die Auslegung der Energieerzeugungsanlagen so erfolgen, daß sie rasch jeder Belastungsänderung folgen und die auftretenden Lastspitzen abdecken können. Im allgemeinen treten die Belastungsspitzen nur kurzzeitig auf. Daher ist es wirtschaftlicher, die Spitzenlast durch Speicher, u. U. sogar durch besondere Spitzenkraftwerke, abzudecken, als die Anlage für eine so hohe Leistung auszulegen, die der Lastspitze entspricht.

a) Hydraulische Speicherung

Der hydraulischen oder Wasser-Speicherung kommt die größte wirtschaftliche Bedeutung zu. Ein Wasserkraftwerk ohne Speicher kann normalerweise nur einen Verbraucherkreis beliefern, dessen Verbrauchsspitze bei Niedrigwasser gedeckt werden kann, weil die Belastungsschwankungen nicht mit denen der Wasserführung zusammenfallen. Wird oberhalb des Kraftwerkes ein Tagesspeicher angelegt, der in Zeiten geringer Belastung, z. B. nachts, speichert, und sich in Zeiten starker Belastung, z. B. vormittags, parallel der normalen Wasserführung entlädt, so kann ein Verbraucherkreis mit einer dem Niedrigwasser entsprechenden mittleren Leistung versorgt werden. Somit ergibt sich bei Verwendung eines Speichers eine erhebliche Steigerung der Leistung.

Mit Tagesspeichern ist nur eine wirtschaftliche Ausnutzung des Niedrigwassers bzw. ein Ausgleich der Tagesbelastungen möglich. Die beispielsweise durch Schneeschmelzen und Regenperioden anfallenden Wassermengen gehen jedoch verloren. Um auch diese auszunutzen, muß entweder eine Kombination mit Wärmekraftwerken oder Wasserkraftwerken mit anderer Wasserführung durchgeführt, oder es muß die Wasserführung im Oberlauf des Flusses durch einen Jahresspeicher reguliert werden.

Die Größe und Lage eines Wasserspeichers hängt stark von den örtlichen Gegebenheiten ab. Bezeichnet man

H = Gefälle
ΔH = Absenkung des Wasserspiegels
F = Speicheroberfläche
η_t = Turbinenwirkungsgrad
$G_w = F \cdot \Delta H \cdot \gamma$ = Wassergewicht,

so berechnet sich die vom Speicherwasser geleistete Arbeit zu

$$G_w \cdot H \cdot \eta_t = F \cdot \gamma \cdot H \cdot \Delta H \cdot \eta_t.$$

Meist kann ΔH zu 0,1 H angenommen werden.

Als Beispiel für Wasserkraftwerke mit Speicheranlagen sei das Bayernkraftwerk erwähnt. Es umfaßt das Walchenseekraftwerk und die Staustufen der mittleren Isar. Der Walchensee selbst wird als Jahresspeicher für die gesamte Anlage und gleichzeitig als Tagesspeicher für das Walchenseekraftwerk verwandt, das mit 200 m Gefälle die Belastungsspitzen der Gesamtanlage übernimmt. Jede der Staustufen besitzt einen eigenen Tagesspeicher und kann kleinere Lastspitzen selbst übernehmen.

In Zeiten geringer Belastung kann die Überschußenergie eines Wasserkraftwerkes dazu verwandt werden, Wasser in ein höher gelegenes Becken zu pumpen. Bei starker Belastung wird diese Wassermenge dann zur

Stromerzeugung herangezogen. Man nennt derartige Anlagen Pumpspeicherwerke. Hierbei braucht das eigentliche Pumpspeicherwerk nicht unbedingt mit dem Hauptkraftwerk zusammenhängen.

Der Wirkungsgrad einer Pumpspeicheranlage ist als Verhältnis der vom Speicheraggregat ins Netz eingespeisten Energie zu der vom Hauptkraftwerk bzw. vom Netz in Zeiten geringer Belastung gelieferten (Überschuß-) Energie definiert. Er ist wegen der mehrmaligen Energieumwandlungen relativ gering und liegt zwischen 50—60%, während bei einem normalen Speicherwerk Wirkungsgrade von etwa 70% erreicht werden. Außerdem sind Pumpspeicheranlagen sehr teuer. Um die Anlagekosten zu verringern, legt man daher oft Haupt- und Pumpspeicher zusammen und verwendet den Pumpenmotor gleichzeitig als Generator. Das Schema einer derartigen Anlage zeigt Abb. 29. Bei mittlerer Belastung arbeitet

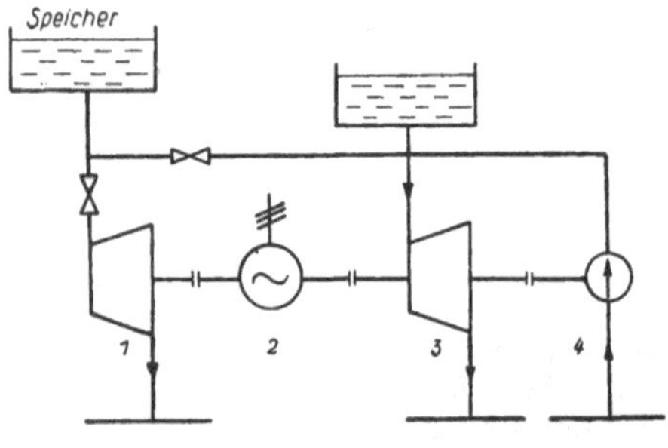

Abb. 29. Schema einer Pumpspeicheranlage
1. Speicherturbine 3. Hauptturbine
2. Generator 4. Pumpe

die Hauptturbine (3) über den Generator (2) nur auf das Netz. Sinkt die Last, so deckt die Hauptturbine die Netzleistung und gibt außerdem noch Energie an die Pumpe (4) ab, mittels der Wasser auf Speicherniveau gedrückt wird. Treten dagegen Spitzenbelastungen auf, so wird das Speicherwasser der Turbine 1 zugeführt, die dann gemeinsam mit der Hauptturbine auf den Generator arbeitet. Die Speicherturbine (1) ist so ausgelegt, daß sie bei Ausfall der Hauptturbine die gesamte Last übernehmen kann. Es ist mit dieser Anlage ferner möglich, den Generator als Motor für die Speicherung zu verwenden. Er nimmt dann Strom aus dem Netz auf und treibt die Speicherpumpe (4) an, wobei die Hauptturbine leer mitläuft.

Als Beispiel einer Pumpspeicheranlage sei das Scheranenbachkraftwerk bei Forbach erwähnt. Es arbeitet mit 350 m Gefälle zwischen Scheranenbachtalsperre und Kraftstation. Über ein Zahnradgetriebe können die beiden 10 000-kW-Turbinen Hochdruckpumpen antreiben, die Wasser aus dem 143 m über Kraftstation gelegenen Murgweiher in die 350 m höher liegende Talsperre drücken.

b) Wärmespeicherung

Als Speicherstoffe für Wärmespeicher kommen feste, flüssige und dampfförmige Medien in Frage. Die Wärmespeicherung in festen Körpern (Mauerwerk, Stahl) wird z. B. in Cowper-Winderhitzern oder Ljungström-Luftvorwärmern verwirklicht. Im allgemeinen werden feste Körper dann zur Speicherung herangezogen, wenn die Wärme bei hoher Temperatur wieder abgegeben werden soll. Bei Flüssigkeiten, wie z. B. Wasser, wird durch die Siedetemperatur bzw. den damit verbundenen Druck die Anwendung für hohe Temperaturen praktisch kaum in Betracht kommen.

Das Hauptanwendungsgebiet der Wärmespeicherung in Flüssigkeiten bildet die Warmwasserheizung. Ihre Speicherfähigkeit hängt von der Temperaturdifferenz des Speicherwassers vor und nach der Entladung (und von der spez. Wärme) ab. Bei der Auslegung eines Wasserspeichers geht man vom sog. „Wasserwert" aus. Dieser gibt an, wieviel kcal erforderlich sind, um das gesamte System einschließlich Rohrleitungen, Kessel usw. um 1 ° C zu erwärmen.

Eine Speicherung von Frischdampf wird nur selten durchgeführt, weil Dampf ein geringes spez. Speichervermögen hat und die Speicherung in einem Glockenspeicher bei gleichem Druck oder bei gleichem Volumen vorgenommen werden müßte, wofür aber große Speicherräume notwendig sind.

Es läßt sich jedoch bei Dampfkraftanlagen ein Speicher in die Speisewasservorwärmung einschalten. In Zeiten geringer Last, also bei Dampfüberschuß, wird Heißwasser in einem besonderen Behälter unter Kesseldruck gespeichert. Bei starker Belastung, d. h. Dampfmangel, wird die Speisewasserzufuhr abgeschaltet und dem Kessel das vorgewärmte Speicherwasser zugeführt, so daß er die zur Wassererwärmung notwendige Wärme nicht aufzubringen und die Dampfleistung steigern kann. Da das gespeicherte Wasser unter Kesseldruck steht und daher keine Druckabsenkung auftritt, wird das Verfahren als Gleichdruckspeicherung bezeichnet. Sie ist nur zur Abdeckung kleiner Spitzenbelastungen geeignet.

Ein Ausgleich größerer Spitzen ist mit Dampfwasserspeichern (Gefällespeichern) möglich. Hierbei wird überschüssiger Frischdampf in einen Wasserbehälter eingeblasen, wobei er unter Drucksteigerung seine Wärme an das Speicherwasser abgibt. Sobald das Speicherwasser Kesseldruck und die entsprechende Sättigungstemperatur erreicht hat, ist der Ladevorgang beendet. Bei Entladung des Speichers wird bei gleichzeitiger Druckabsenkung Dampf abgegeben, weil mit fallendem Druck die Sättigungstemperatur niedriger ist und daher ein Teil des Wassers verdampft bzw. überhitzt wird. Die Dampfabgabe hängt vom Anfangsdruck ab und nimmt bei gleicher Drucksenkung mit fallendem Anfangsdruck zu (vgl. Abb. 30).

Während die Entladung wegen der großen Verdampfungsgeschwindigkeit des Wassers schnell vor sich geht, hängt die Ladungsgeschwindigkeit wesentlich von der Wasseroberfläche ab, die mit dem kondensierenden

Dampf in direkte Berührung kommt. Diese muß daher möglichst groß gewählt werden.

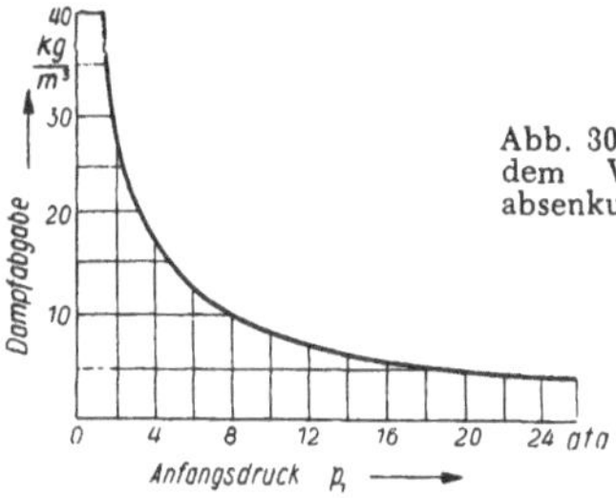

Abb. 30. Dampfabgabe von siedendem Wasser bei einer Druckabsenkung von 1 ata im Ruths-Speicher

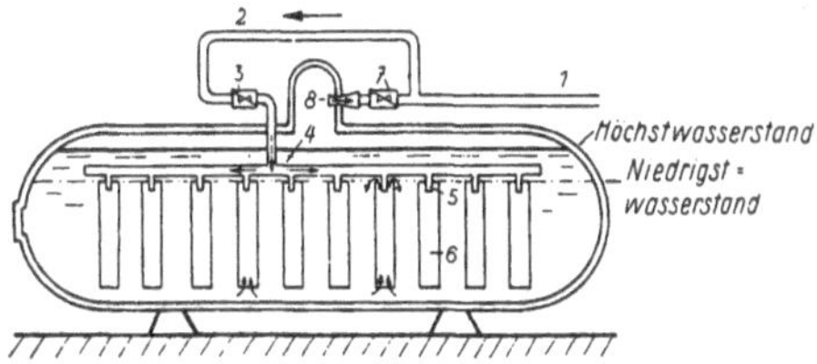

Abb. 31. Schema eines Ruths-Speichers

1, 2 Leitung vom Dampfnetz
3 Rückschlagventil
4 Verteilerrohr
5 Dampfdüse
6 Diffusor
7 Rückschlagventil
8 Lavaldüse

Die heute üblichen Gefällespeicher nach Ruths lassen Ladedrücke bis 18 ata bei einem minimalen Entladedruck von 0,5 ata zu und ermöglichen einen selbsttätigen Betrieb und raschen Ausgleich von Belastungsschwankungen. In Abb. 31 ist der Querschnitt eines Ruthsspeichers wiedergegeben. Er ist durch Leitung (1) mit dem Dampfnetz der Anlage verbunden. Bei Dampfüberschuß strömt der Dampf durch Leitung (2) und Rückschlagventil (3) in das Verteilerrohr (4), an das Dampfdüsen (5) angeschlossen sind. Der aus den Düsen ausströmende Dampf wälzt durch die die Düsen umgebenden Blechrohre (6) den Wasserinhalt des Speichers lebhaft um und wird rasch niedergeschlagen. Sinkt der Druck im Leitungsnetz unter den Speicherdruck, so schließt Rückschlagventil (3), und der Dampf strömt durch Rückschlagventil (7) ins Netz zurück. Vor dem Ventil (7) sitzt eine Lavaldüse (8), die bei Störungen, wie z. B. einem Rohrleitungsbruch, die ausströmende Dampfmenge begrenzen und Erschütterungen des Speichers vermeiden soll. Im normalen Betrieb arbeitet der Speicher vollkommen geräusch- und erschütterungslos.

Zur Berechnung der Dampfabgabe eines Ruthsspeichers kann angenommen werden, daß bei der Entladung die Druckabsenkung von p_1 auf p_2 adiabatisch erfolgt. Wird mit x_2 der Anteil des verdampfenden Wassers an der Gesamtmenge bezeichnet, so ergibt sich:

$$s_1' = s_2' + \frac{x_2 \cdot r_2}{T_2}$$

$$x_2 = \frac{s_1' - s_2'}{r_2} \cdot T_2.$$

Für sehr kleine Druckänderungen kann die Volumenverringerung des Wassers gegenüber dem Volumen des entstandenen Dampfes vernachlässigt und das entstandene Dampfgewicht dem entnommenen gleich gesetzt werden. Bedeutet G das ursprüngliche Wassergewicht und dG die bei der Druckabsenkung um dp frei werdende Dampfmenge, so läßt sich die Dampfabgabe wie folgt berechnen:

$$\frac{dG}{G} = \frac{T\,ds'}{r}$$

$$\frac{G_2}{G_1} = e^{\int_1^2 (T/r)\,ds'}$$

Die je m^3 Wasserraum bei einer Verringerung des Druckes von p_1 auf p_2 entstehende Dampfmenge folgt hieraus zu

$$g_s = \gamma_1' \frac{G_1 - G_2}{G_1} = \gamma_1' \left(1 - e^{\int_1^2 (T/r)ds'}\right).$$

In Abb. 32 sind nach Knopf [20] die Werte für g_s in Abhängigkeit vom Anfangsdruck p_1 und Enddruck p_2 wiedergegeben. Für einen Ruthsspeicher, der einen Wasserinhalt von 100 m^3 hat und zwischen den Drücken 20 und 8 ata arbeitet, ergibt sich beispielsweise für g_s = 80 kg/m^3 und damit für das speicherfähige Dampfgewicht 8000 kg.

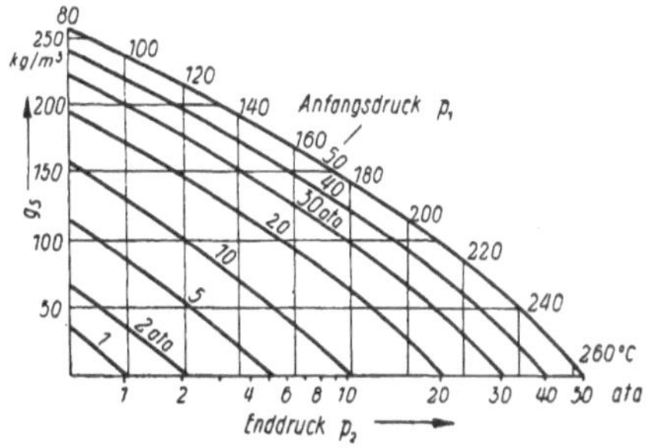

Abb. 32. Spezifische Dampfabgabe eines Ruths-Speichers

5. Mehrstoffprozesse

Wegen der besonderen Eigenschaften des Wasserdampfes wird bei seiner Verwendung im Dampfkraftprozeß eine Überhitzung, Anzapfvorwärmung und Zwischenüberhitzung erforderlich, damit sich möglichst gute Wirkungsgrade ergeben. Es sind daher wiederholt andere Arbeitsmedien für die Verwendung im Dampfkraftprozeß vorgeschlagen worden, die in mancher Hinsicht günstigere Eigenschaften als Wasser aufweisen, wie Quecksilber Hg, Dowtherm $(C_6H_5)_2O + (C_8H_5)_2$, Antimonbromid $Sb\,Br_3$, Siliciumbromid $S_i\,Br_4$ und Aluminiumbromid $Al_2\,Br_3$. Das T-S-Diagramm einiger dieser Stoffe ist in Abb. 33 wiedergegeben.

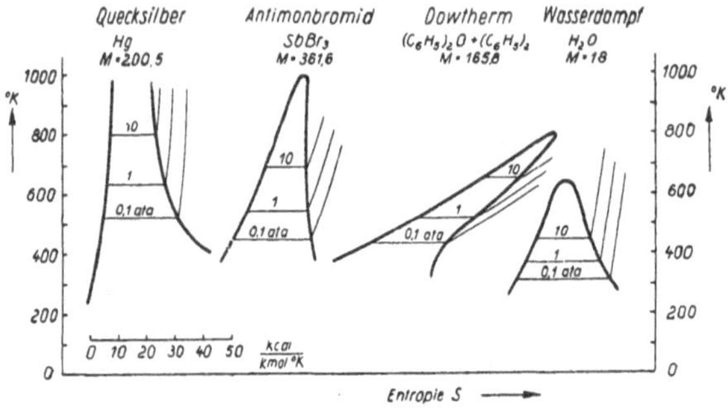

Abb. 33. TS-Diagramm einiger in Betracht kommender Arbeitsstoffe für thermische Arbeitsprozesse

Quecksilber hat hiervon die günstigsten Dampfdruck- und Grenzkurven und wird daher auch trotz seines hohen Preises in der Praxis mit Erfolg verwandt. Es ist allerdings nicht möglich, Quecksilberdampf bis auf Umgebungstemperatur zu entspannen, weil das Dampfvolumen dann zu groß wird. Man läßt daher den Hg-Dampf bei einer höheren Temperatur kondensieren und erzeugt mit der Kondensationswärme Wasserdampf, der dann in einer Dampfturbine entspannt wird. Somit ergeben sich zwei übereinandergeschaltete Prozesse (Zweistoffprozeß), bei dem die abgeführte Wärmemenge des einen die zuzuführende des anderen deckt. Hierdurch ergibt sich das erforderliche Mengenverhältnis H_2O zu Hg.

In Abb. 34 sind für eine ausgeführte Wasserdampf-Quecksilberkraftwerksanlage die T-S-Diagramme für 1 kg Wasserdampf und 9,73 kg Hg dargestellt, weil mit diesem Gewichtsverhältnis bei den vorgegebenen Auslegungsdaten gearbeitet werden muß und dann ein Vergleich der Wärmemengen in Abb. 34 unmittelbar möglich ist.

Das Quecksilber wird im Kessel verdampft, in der Quecksilberturbine expandiert und dann im Kondensator niedergeschlagen. Hierbei wird das in den Kondensa-

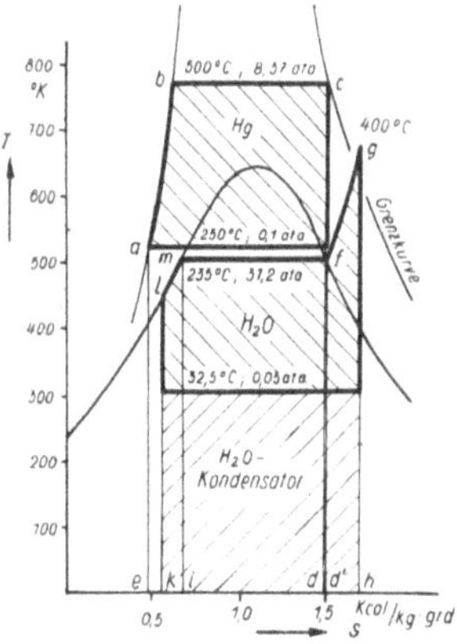

Abb. 34. Schematische Darstellung eines verlustlosen Quecksilber-Wasserdampf-Prozesses im T-s-Diagramm

tor eintretende Kühlwasser (Speisewasser des H_2O-Kreislaufes) verdampft, im Quecksilberkessel überhitzt und in der Wasserdampfturbine entspannt.

Die Feuerung liefert die Wärmemenge, die dem Hg-Prozeß zugeführt wird (Fläche a—b—c—d—e) und die Überhitzungswärme des Wasserdampfes (Fläche f—g—h—d'). Ein Teil der Flüssigkeitswärme des Wassers wird durch Vorwärmung aufgebracht; den Rest (Fläche k—l—m—i) und die Verdampfungswärme (Fläche i—m—f—d') liefert der Hg-Kondensator. Die obere schraffierte Fläche entspricht der theoretischen Arbeit der Hg-Turbine; die mittlere Fläche stellt die Arbeit des H_2O-Dampfprozesses dar, und die untere Fläche die im Wasserdampfkondensator abgeführte Wärme. Das Schaltschema der Anlage zeigt Abb. 35.

Die konstruktiven und betrieblichen Schwierigkeiten bei der Erstellung von Quecksilberkraftwerken, wie Dichtung usw., erscheinen im wesentlichen überwunden. Übliche Drücke für den Quecksilberprozeß sind gegenwärtig 8—13 ata bzw. etwa 0,1 ata Kondensatordruck und für den Wasserdampfprozeß 15—40 ata bzw. 0,04—0,05 ata. Als Beispiel für eine ausgeführte Anlage sei das Schiller-Kraftwerk in Portsmouth erwähnt.

Hg-Anlage 8 atü, 525° C, 40 000 kW,
H_2O-Anlage 42 atü, 460 ° C, 25 000 kW.

Der Wirkungsgrad dieser Anlage ergibt sich zu

$$\eta_w = 36{,}2\,\%.$$

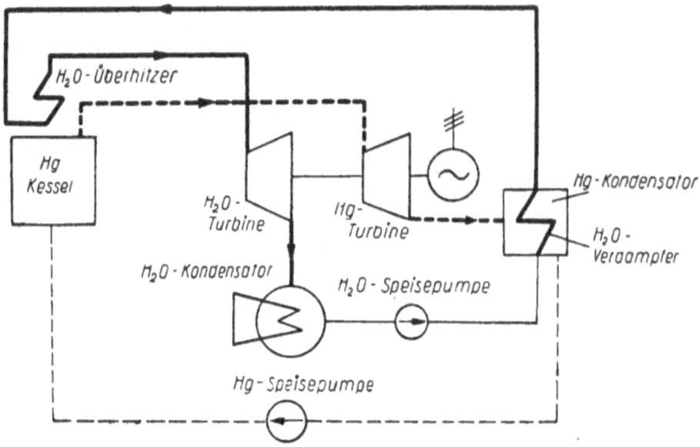

Abb. 35. Schema einer Quecksilber-Wasserdampf-Kraftanlage

6. Wärmepumpe

Beim Arbeitsverfahren der Wärmepumpe wird die bei hoher Temperatur durch Kondensation frei werdende Wärme als Nutzwärme verwendet, während bei geringerem Druck (und geringerer Temperatur) die Verdampfung durch Zufuhr der Verdampfungswärme meist aus der Umgebung erreicht wird. Das verdampfte Arbeitsmedium wird dann wieder auf den ursprünglichen Druck verdichtet. Der wesentliche Vorteil der Wärmepumpe liegt darin, daß durch einen relativ geringen Aufwand an mechanischer Energie ein großer Betrag an Wärmeenergie von einem niedrigen (z. B. ist bei Umgebungszustand eine praktisch unbegrenzte Wärmemenge verfügbar) auf ein höheres Temperaturniveau gebracht wird. Thermodynamisch stellt dieser Arbeitsprozeß die Umkehrung des Clausius-Rankine-Prozesses dar.

Eine wirtschaftliche Anwendung kommt nur dort in Betracht, wo das Verhältnis von Strompreis zu Wärmepreis relativ niedrig liegt, wie z. B. in der Schweiz, wo Strom sehr billig aus Wasserkraft gewonnen werden kann, wäh-

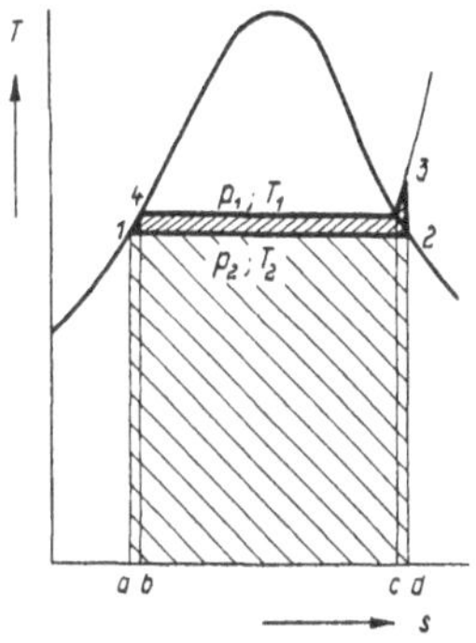

Abb. 36. Schematische Darstellung eines Wärmepumpenprozesses im T-s-Diagramm

rend Kohle infolge der langen Transportwege teuer ist. Ebenso sind Wärmepumpenanlagen in Italien, Süddeutschland usw. verbreitet, wo die Verhältnisse ähnlich liegen. In Gebieten, in denen Abwärme genügend zur Verfügung steht, lohnt sich der Aufwand für eine derartige Anlage im allgemeinen nicht (z. B. im Ruhrgebiet).

Die Arbeitsweise einer Wärmepumpe ist in Abb. 36 im T-s-Diagramm wiedergegeben.

Das Arbeitsmittel, z. B. Ammoniak oder Wasser, wird beim Druck p_2 und der Temperatur T_2 längs der Linie 1 — 2 verdampft, wobei die Wärmemenge 1 — 2 — d — a z. B. aus der Umgebung aufgenommen wird. Der Arbeitsdampf wird dann adiabatisch auf den Druck p_1 verdichtet bis zum Punkt 3, bei dem nun Dampf von der Temperatur T_3 und dem Druck p_1 vorliegt. Anschließend läßt man den Dampf längs der Linie 3 — 4 abkühlen und kondensieren, wobei er die Wärmemenge b — 4 — 3 — d abgibt und weiter bis zur Temperatur T_2 abkühlen, wobei noch die Flüssigkeitswärme a—1—4—b u. U. zum Teil ausgenutzt werden kann. Die Flüssigkeit wird schließlich bei 1 von p_1 auf p_2 entspannt und der Prozeß beginnt von neuem.

a) Eindampfwärmepumpe

Bei Eindampfwärmepumpen wird die im teilweise ausgedampften Lösungsmittel enthaltene Verdampfungswärme verwertet, um die Weiterführung dieses Prozesses ohne wesentliche Fremdwärme aufrechtzuerhalten.

Als Beispiel sei ein Destillationsapparat betrachtet, wie er in der chemischen Industrie zum Eindicken von Lösungen aller Art vielfach Verwendung findet. Den schematischen Aufbau einer derartigen Anlage zeigt Abb. 37.

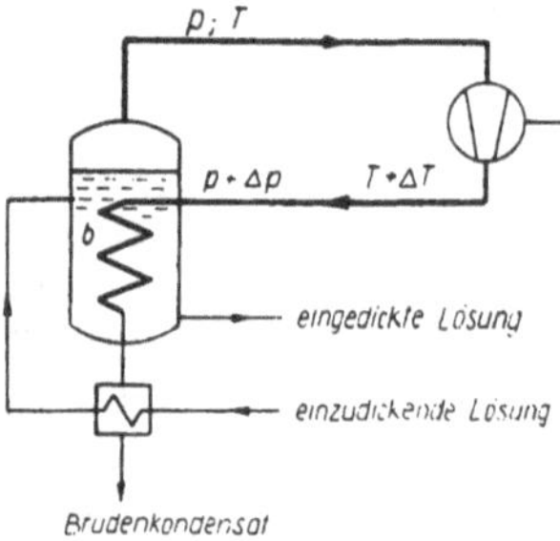

Abb. 37. Schema einer Eindick-Wärmepumpe

Der Kompressor (a) saugt die Brüden des Lösungsmittels vom Druck p und der Temperatur T an und verdichtet sie auf $p + \Delta p$, wobei die Sättigungstemperatur T um ΔT steigt. Der komprimierte Dampf kondensiert in der Rohrschlange (b), wobei er Wärme abgibt und Flüssigkeit verdampft. Der Arbeitsaufwand des Kompressors L zur Verdampfung von 1 kg Flüssigkeit ist um so kleiner, je kleiner das Temperaturgefälle ΔT ist, das zur Übertragung der Verdampfungswärme vom kondensierenden Dampf an die zu verdampfende Flüssigkeit erforderlich ist. Im T-s-Diagramm (Abb. 36) entspricht AL der /// schraffierten, die aufgenommene Verdampfungswärme r der \\\ schraffierten Fläche. Bei kleinem ΔT ergibt sich angenähert

$$\frac{AL}{r} = \frac{\Delta T}{T}.$$

Für einen Verdampfungsprozeß bei $t = 100\,°C$, also $T = 373\,°K$ und $\Delta T = 10\,°K$, folgt dann:

$$\frac{AL}{r} = \frac{1}{37{,}3}.$$

Der Arbeitsaufwand (im Wärmemaß) ist demnach 1/37,3 des Wärmebetrages r.

Vergleichsweise hätte dieser Prozeß als Dampfturbinenprozeß einen Wirkungsgrad von etwa 3%. Im allgemeinen ist ein ΔT von 20° C im Wärmetauscher erforderlich, weil sonst die Kosten für den Bauaufwand relativ zur Wärmeersparnis zu ungünstig werden.

Abb. 38 zeigt ein Beispiel einer ausgeführten Verdampferanlage, die wie folgt arbeitet: In den Verdampfern (1) wird Lösung konzentriert, die im Vorwärmer durch das heiße abfließende Brüdenkondensat bereits vorgewärmt wurde. Die einzudickende Lösung fließt bei (3) der Anlage zu, die konzentrierte Lösung bei (4) und das aus der Lösung entfernte Wasser durch Leitung (5) ab. Die aus der kochenden Lösung sich entwickelnden Brüden werden durch den Verdichter (7) (Motor 6) über die Leitung (8) und den Wäscher (9) aus dem Verdampfer abgesaugt. In der Waschkolonne (9) erfolgt die Reinigung der mit feinen Lösungsspritzern durchsetzten Brüden (zum Schutz der Wärmepumpe). Die Brüden werden dann verdichtet und durch Leitung (10) in die Heizsysteme der Verdampfer geleitet, wobei ihre Wärme an die Lösung abgegeben wird. Ein Beispiel für eine derartige Anlage stellen die Rheinsalinen Reyburg dar. Die Anlage produziert jährlich etwa 40 000 t Salz. Durch die Wärmepumpe können ungefähr 13 000 bis 14 000 t Kohle pro Jahr erspart werden,

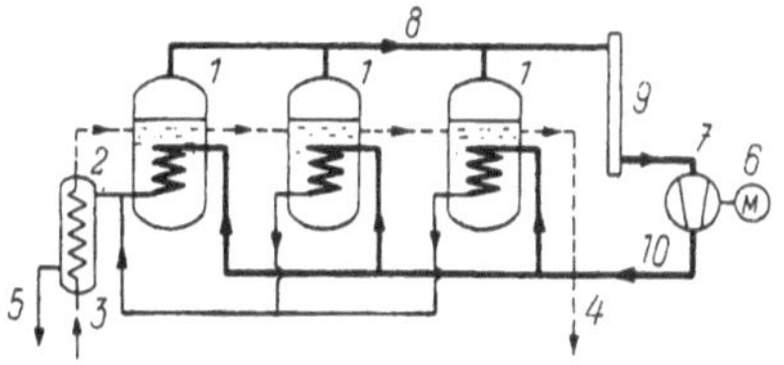

Abb. 38. Schema einer Eindick-Wärmepumpe

1 Verdampfer, 2 Vorwärmer, 3 einzudickende Lösung, 4 eingedickte Lösung, 5 Brüdenkondensat, 6 Wärmepumpenmotor, 7 Wärmepumpe (Kompressor), 8 Brüdendämpfe, 9 Waschkolonne, 10 verdichtete Brüdendämpfe

wobei für jedes eingesparte kg Kohle nur etwa 0,57 kWh aufzuwenden sind.

Die durchschnittlichen Betriebsstunden einiger ausgeführter Eindickwärmepumpen wurden mit etwa 8600 h/Jahr angegeben. Für jede zum Antrieb der Maschinen aufgewendete kWh betrug die mögliche Einsparung an Kohlen hierbei etwa 1 bis 1,5 kg/kWh.

In ähnlicher Weise arbeitet die Kochereiwärmepumpe, jedoch im wesentlichen bei tiefen Temperaturen und im Vakuum.

b) Industrieheizungswärmepumpe

Eine Verwertung von Abwärme aus Brüden, Schwaden, Abwässern etc. ist mit Hilfe der Wärmepumpe möglich, indem die Abwärme auf höhere Temperatur „hochgepumpt" und dann für die verschiedenen Zwecke einem Heizungssystem zugeführt wird. So kann man beispielsweise bei Kälteanlagen die Abwärme nutzbar machen, anstatt sie im Kondensator abzuführen. Der Kältekompressor muß dann mit einer zusätzlichen Kompressionsstufe versehen werden. Die Ausnutzung derartiger Anlagen betrug bei einigen bekanntgewordenen Ausführungsbeispielen 3000 bis 8000 h/Jahr, die mögliche Kohlenersparnis 0,5 bis 1 kg/kWh.

c) Raumheizungswärmepumpe

Die für die Verdampfung des Arbeitsmediums erforderliche Wärmemenge wird bei der Raumheizungspumpe gewöhnlich der Umgebung, z. B. dem Wasser aus Flüssen oder Seen, entzogen. Bei Verwendung von Grundwasser hat man im Sommer eine Temperatur von etwa 10 bis 13° C, im Winter 9° C. Es kann also mit einer mittleren Temperatur von ungefähr 10° C gerechnet werden. Die Temperatur von Flußwasser beträgt im Mittel rund 2 bis 8° C.

Als Arbeitsmedium wird im allgemeinen Ammoniak verwandt. Es ergibt sich hierfür bei:

3 ata eine Siedetemperatur von t_s = — 2° C
5 ata eine Siedetemperatur von t_s = + 4° C
20 ata eine Siedetemperatur von t_s = + 49° C.

Die Betriebsstunden liegen beispielsweise bei 2000 bis 3000 h/Jahr, die Kohleersparnis liegt etwa zwischen 0,25 bis 0,6 kg/kWh. Die Heizleistung ist während der Heizperiode stark veränderlich.

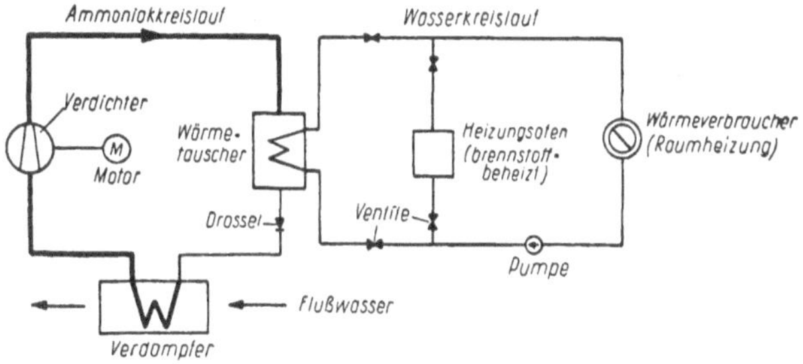

Abb. 39. Schema einer Raumheizungs-Wärmepumpe

Abb. 39 zeigt ein Ausführungsbeispiel, wobei die Wärmepumpe nur zur Grundlastdeckung des Wärmebedarfs herangezogen wird und die Spitzenlast von einer besonderen kohlegefeuerten Heizanlage abgedeckt wird.

Das Heizsystem mit den Radiatoren kann wahlweise von den Wärmepumpen oder dem Heizofen mit Warmwasser versorgt werden. Der Heizofen dient nur zur Abdeckung des Spitzenbedarfs, kann also für entsprechend kleine Heizleistung ausgelegt werden, und an dessen Wirkungsgrade werden keine besonderen Anforderungen gestellt. Hierbei ist von besonderem Vorteil, daß die Wärmepumpe und damit die Anlagekosten kleingehalten werden. Die Kohleersparnis einer solchen Anlage beträgt bis 0,6 kg Kohle/kWh.

Ein Beispiel stellt die Wärmepumpenanlage der Amtshäuser der Stadt Zürich dar, mit der im Winter geheizt, im Sommer aber auch gekühlt werden kann. Die

Anlage arbeitet mit Ammoniak und entzieht die Verdampfungswärme dem Flußwasser der Limmat.

d) Absorptionswärmepumpen

Den schematischen Aufbau einer einstufigen Absorptionsanlage zur Heizung (Wärmetransformator) zeigt Abb. 40. Das flüssige Arbeitsmedium, z. B. Ammoniak, wird bei niedrigem Druck im Verdampfer unter Wärmeaufnahme z. B. aus der Umgebung verdampft. Im Absorber wird der Ammoniakdampf dann durch eine geeignete Absorptionsflüssigkeit, z. B. Wasser, unter starker Wärmeentwicklung absorbiert. Diese Wärmemenge kann beispielsweise an Warmwasser abgegeben und zur Raumheizung verwandt werden. Das mit Ammoniak angereicherte Wasser (reiche Lösung) wird nun durch eine Pumpe auf einen höheren Druck gebracht und tritt dann in den Austreiber ein, wo das Arbeitsmedium aus der reichen Lösung durch Heizdampf hoher Temperatur wieder ausgedampft wird. Der Ammoniakdampf gibt dann im Kondensator seine Verdampfungswärme ebenfalls nutzbar ab. Das Kondensat wird wieder auf niedrigen Druck gedrosselt und in den Verdampfer geleitet. Die aus dem Austreiber austretende (an Ammoniak) arme Lösung wird zur Erhöhung des Lösungsvermögens in einem Wärmetauscher abgekühlt und in dem Absorber gedrosselt. Ihre im Wärmetauscher abgegebene Wärmemenge dient zur Vorwärmung der reichen Lösung. Bei diesen Verfahren wird also durch Wärmezufuhr bei niedrigen Temperaturen (im Verdampfer) und bei hoher Temperatur z. B. 100 bis 150° C (im Austreiber) Nutzwärme bei mittlerer Temperatur z. B. 50 bis 70° C im Absorber und Kondensator frei. (Der Arbeitsbedarf der Lösungspumpe ist vernachlässigbar klein). Die mit einstufiger Absorptionsanlage erreichbare abgegebene Nutzwärme beträgt etwa das 1,3- bis 1,6fache der zugeführten Wärme bei hoher Temperatur. Bei Verwendung mehrstufiger Anlagen läßt sich die Leistungsfähigkeit unter Umständen noch erheblich verbessern.

Eine andere Anwendungsmöglichkeit von Absorptionswärmepumpen ist dadurch gegeben, daß durch Aufwand von Wärme bei mittlerer Temperatur bei abgeänderter Betriebsweise theoretisch bis zur Hälfte der aufgewendeten Wärmemenge in solche bei höherer Temperatur gewandelt werden kann [5].

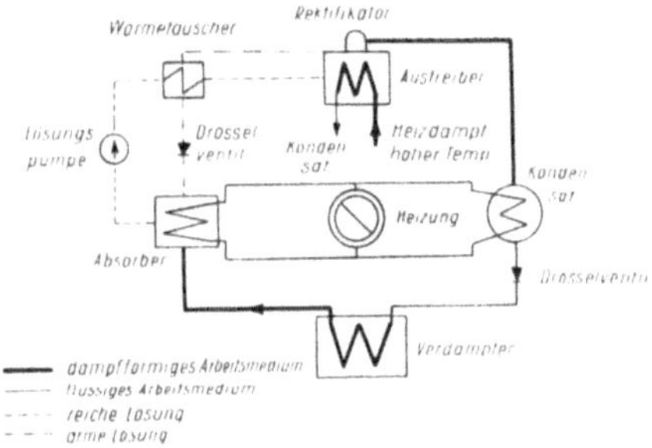

Abb. 40. Schema einer Absorptions-Wärmepumpe

7. Atomkernenergie

Während bei den Brennstoffen die Entwicklung von Wärmeenergie auf chemischen Reaktionen beruht, die mit Vorgängen in der Elektronenhülle der Atome verbunden sind, versteht man unter „Atomkernenergie" im allgemeinen die bei der Spaltung oder Verschmelzung von Atomkernen freiwerdende Energie.

Die Entwicklung der Energieerzeugung aus Atomkernspaltungs- und -verschmelzungsvorgängen befindet sich noch im Anfangsstadium, so daß damit gerechnet werden muß, daß die heute geltenden Ansichten unter Umständen schnell überholt sein können.

Zum besseren Verständnis der in Kernreaktoren sich abspielenden Vorgänge sollen die wichtigsten Grundlagen nachfolgend erläutert werden.

a) Atomkernspaltungs- und bindungsenergie

Durch die Entdeckungen von Hahn und Straßmann (1938) sowie weiterer Forscher wurde gezeigt, daß die Atomkerne spaltbar sind und in einigen Fällen dabei freiwerdende Energie nutzbar gemacht werden kann. Nach den heute üblichen Modellvorstellungen bestehen die Atome aus einem Atomkern und einer den Kern umgebenden Elektronenhülle. Der Kern setzt sich aus ungeladenen Neutronen und positiv geladenen Protonen (Wasserstoffkerne) zusammen, die ungefähr gleiche Masse besitzen. Die Elektronen, deren Masse gegenüber der Kernmasse sehr gering ist, weisen eine negative Elementarladung auf. Bei einem elektrisch neutralen Atom ist die Zahl der negativ geladenen Elektronen und die Zahl der positiv geladenen Protonen gleich groß. Die Zahl der Protonen (Kernladungszahl) ordnet man dem chemischen Symbol als Index zu (links unten), ebenso die Zahl der Neutronen plus Protonen (Massenzahl, links oben). So bedeutet z. B. $^{238}_{92}U$, daß der Urankern 92 Protonen und 146 Neutronen besitzt. Kerne mit gleicher Protonenzahl, aber unterschiedlicher Massenzahl, z. B. $^{238}_{92}U$ und $^{235}_{92}U$, haben gleiche Anzahl Elektronen und verhalten sich chemisch gleich (Isotope).

Die Masse eines Atomkerns ist um den „Massendefekt" kleiner als die Summe der Einzelmassen der in ihm enthaltenen Nukleonen, da bei der Vereinigung der Nukleonen zu einem Kern Energie z. B. in Form von γ-Quanten frei wird (Kernbindungsenergie). Diese Kernbindungsenergie ist im wesentlichen bedingt durch Kohäsionskräfte zwischen den Nukleonen und Abstoßungskräften zwischen den Protonen und entspricht dem Massendefekt. Nach Einstein gilt zwischen Masse und Energie die Beziehung:

$$E = m.c^2.$$

Hierin bedeutet E die Energie, m die Masse und c die Vakuumlichtgeschwindigkeit ($c = 2{,}998 \cdot 10^{10}$ cm/sec).

Bei der Spaltung eines schweren Atomkerns in zwei ungefähr gleiche Teile haben die Spaltprodukte insgesamt eine geringere Masse als der gespaltete Kern. Dieser Massenunterschied entspricht der beim Spaltungsvorgang freiwerdenden Energie bzw. dem Unterschied der entsprechenden Kernbindungsenergien. Diese ist für die einzelnen Elemente des periodischen Systems unterschiedlich und bei den schweren Kernen am größten (vgl. Abb. 41). Bei den leichten Kernen ist die Kernspaltungsenergie negativ, d. h. zur Spaltung muß hierbei Energie aufgewendet werden, während bei der Verschmelzung zweier Kerne ein entsprechender Energiebetrag frei wird.

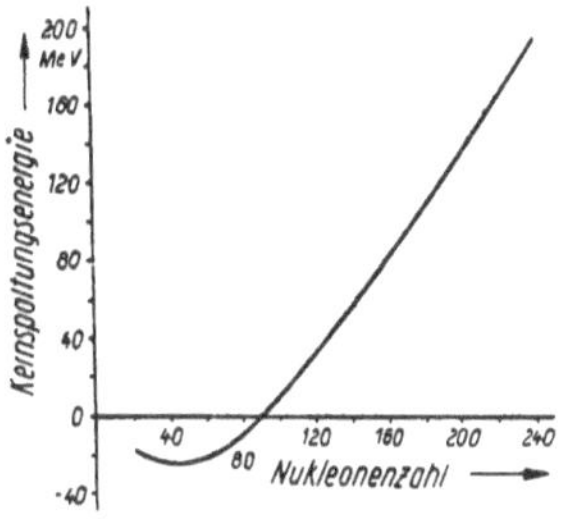

Abb. 41. Beispiel für die Größe der Kernspaltungsenergie (Kernspaltungsenergie in Abhängigkeit von der Nukleonenzahl unter Voraussetzung einer Spaltung in zwei gleich große Kerne [nach Fucks]

Um einen Kernspaltungs- oder Verschmelzungsprozeß durchzuführen, muß eine bestimmte Energie (Aktivierungsenergie) aufgewendet werden. Diese hat bei den sehr leichten und sehr schweren Kernen den kleinsten Wert. Für U 235 beispielsweise beträgt die Aktivierungsenergie unter Voraussetzung einer Spaltung in zwei gleiche Kerne 6 MeV, bei U 238 etwa 6,8 MeV*).

Beim U 235 (im natürlichen Uran zu 0,72%, neben U 238 mit 99,274% und U 234 mit 0,006% enthalten) ist eine Spaltung des Kerns durch Einfangen eines langsamen oder thermischen Neutrons möglich. Die kinetische Ener-

*) Zur Berechnung dieser Energien ist die Einheit 1 Elektronen-Volt (eV) üblich, die ein einfach geladenes Teilchen (z. B. 1 Elektron) beim Durchlaufen der Spannungsdifferenz von 1 Volt erlangt. 10^6 eV=1 MeV = $1{,}6 . 10^{-6}$ erg. Vergleichsweise sei angegeben: 1 kWh = $3{,}6 \cdot 10^{13}$ erg.

gie eines solchen Neutrons entspricht etwa der Energie der Wärmebewegung: $E \approx 0{,}03$ eV, die Geschwindigkeit ist dabei: $v \approx 2200$ m/sec.

Durch das Einfangen eines Neutrons wird ein neuer Kern (Zwischenkern) gebildet, der sich in angeregtem Zustand befindet. Ist die Energiedifferenz zwischen angeregtem Zustand und Grundzustand des Zwischenkerns groß genug, kann es zu einer Spaltung kommen, bei U 235 z. B. nach folgendem Schema:

$$ {}^{235}_{92}\mathrm{U} + {}^{1}_{0}\mathrm{n} = {}^{89}_{36}\mathrm{Kr} + {}^{144}_{56}\mathrm{Ba} + 3\,{}^{1}_{0}\mathrm{n} $$

Somit entstehen in diesem speziellen Beispiel ein Barium- und ein Kryptonkern. Dabei wird der außerordentlich große Energiebetrag von etwa 180 MeV frei. Die Summe der Kernladungen der beiden Spaltprodukte ist wieder gleich der Kernladung (92) des Urans.

Als Spaltprodukte werden alle zwischen den Elementen ${}_{35}\mathrm{Br}$—${}_{44}\mathrm{Ru}$ einerseits und ${}_{51}\mathrm{Sb}$—${}_{62}\mathrm{Sm}$ andererseits liegenden Paare beobachtet, die noch einen erheblichen Neutronenüberschuß besitzen, den sie vorwiegend durch β-Emission ausgleichen. Außerdem ergeben sich bei jeder Spaltung 2 bis 3 freie Neutronen.

Die durch den Spaltungsvorgang frei werdende Energie ist im wesentlichen kinetische Energie der Spaltprodukte und der Neutronen hoher Geschwindigkeit, die sofort in Wärmeenergie umgewandelt wird, welche dann zur Energieerzeugung nutzbar gemacht werden kann.

Um diesen Vorgang kontinuierlich aufrechtzuerhalten, muß die Anzahl der zu Spaltungsvorgängen verbrauchten Neutronen wieder zum Zweck der Einleitung weiterer Spaltungen im Durchschnitt in gleicher Menge aus den vorhergehenden Spaltungsvorgängen zur Verfügung stehen (Multiplikationsfaktor hat den Wert 1). Ist dies nicht der Fall, kann entweder — im Falle, daß zu wenig Neutronen vorhanden sind — keine Reaktion anlaufen, oder — bei Neutronenüberschuß eine „explosive" Kettenreaktion erfolgen. Ohne die erste Möglichkeit wäre es auch nicht denkbar, daß spaltbare Stoffe in der Natur vorkommen.

Für das Beispiel eines Spaltungsvorganges nach obiger Gleichung entstehen im Mittel 2,5 schnelle (Energie im Mittel 2 MeV, Geschwindigkeit $\sim 10^9$ cm/sec) Neutronen, die aber bei Verwendung von natürlichem Uran als Spaltstoff im allgemeinen kein weiteres U 235 spalten.

Die Wahrscheinlichkeit des Auftretens von Kernumwandlungen hängt von der Art und Geschwindigkeit des stoßenden Teilchens ab und wird im allgemeinen durch den „Wirkungsquerschnitt" des umzuwandelnden Kerns angegeben. Als Einheit ist 1 barn = 10^{-24} cm^2 eingeführt. Der Gesamtwirkungsquerschnitt eines Atomkerns setzt sich aus verschiedenen Einzelwirkungsquerschnitten zusammen. Es ist

$$\sigma_t = \sigma_s + \sigma_a + \sigma_f$$

wobei σ_t = totaler Wirkungsquerschnitt, σ_s = Streuwirkungsquerschnitt (dieser kennzeichnet die Wahrscheinlichkeit einer Streuung des stoßenden Teilchens am Kern), σ_a = Absorptionswirkungsquerschnitt (dieser gibt die Wahrscheinlichkeit dafür an, daß das stoßende Teilchen vom Kern unter Verwandlung desselben aufgenommen wird) und schließlich σ_f = Spaltungswirkungsquerschnitt (fission), der ein Maß für die Wahrscheinlichkeit des Auftretens einer Spaltung des Kerns ist.

Beim U 238 z. B. wird σ_t im Bereich niedriger Energie vorwiegend durch σ_s bestimmt, während bei mittleren Energien (etwa ab 1 eV) σ_a überwiegt. Ein Wirkungsquerschnitt für Spaltung tritt bei U 238 erst bei hohen Energien auf (s. Abb. 41 a).

Bei natürlichem Uran als Spaltstoff ist darauf zu achten, daß die zur Spaltung notwendigen Neutronen nicht von U 238 absorbiert werden. Wie aus Abb. 41 a zu ersehen, ist im Bereich niedriger (thermischer) Energie des Neutrons der Wirkungsquerschnitt für Spaltung von U 235 sehr viel größer als der totale Wirkungsquerschnitt von U 238. Da bei der Spaltung Neutronen hoher Energie frei werden, müssen sie abgebremst werden, wenn sie vorwiegend weitere Kerne von U 235 spalten sollen. Bei der Abbremsung durchlaufen die Neutronen einen Energiebereich, in dem die Wahrscheinlichkeit für Absorption durch U 238 besonders groß ist. (Die Theorie dieser „Resonanzstellen" kann nur mit Hilfe der Quantenmechanik erklärt und im Rahmen dieser Arbeit nicht näher behandelt werden.) Deshalb strebt man an, die Abbremsung auf thermische Energien in

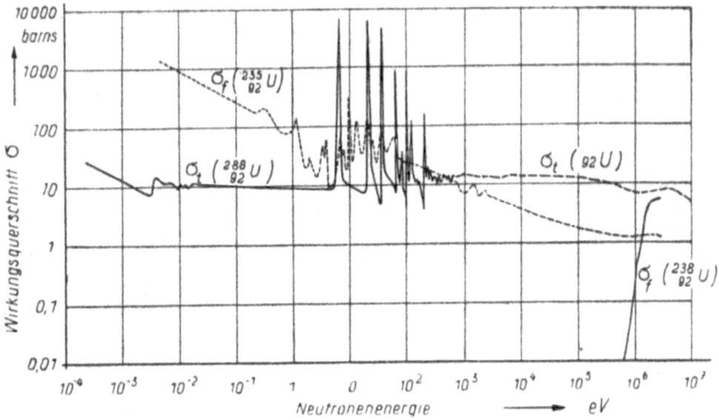

Abb. 41 a. Vergleich der Wirkungsquerschnitte von U 235 und U 238 in Abhängigkeit der Neutronenenergie [nach AEC]
σf = Wirkungsquerschnitt für Spaltung
σ_t = Totaler Wirkungsquerschnitt

besonderen Stoffen derart zu steuern, daß möglichst kein Einfang der Neutronen durch U 238 stattfindet. Die zum Abbremsen verwendeten Stoffe, z. B. schweres Wasser (D_2O) oder Graphit, bezeichnet man als Moderatoren.

Beim Einfang eines Neutrons mit der in Betracht gezogenen Geschwindigkeit durch U 238 kommt es nicht zu einer Kernspaltung. Es entsteht vielmehr unter Aussendung von γ-Strahlung ein nicht stabiler Zwischenkern U 239.

Ein Neutron dieses Kerns verwandelt sich dann unter Ausstoß eines Elektrons und eines Neutrinos in ein Proton. Der so entstandene Kern (Neptunium $^{239}_{93}Np$) verwandelt sich wiederum unter Aussendung eines Elektrons in Plutonium.

$$^{238}_{92}U + ^{1}_{0}n = ^{239}_{92}U + \gamma$$

$$^{239}_{92}U - ^{0}_{-1}e = ^{239}_{93}Np$$

$$^{239}_{93}Np - ^{0}_{-1}e = ^{239}_{94}Pu$$

Plutonium 239 ist ähnlich wie U 235 leicht spaltbar und spielt daher auch für die Energiegewinnung eine bedeutende Rolle.

Unter besonderen Umständen ist es möglich, neben dem zur Aufrechterhaltung der Kettenreaktion notwendigen Neutron bei dem Spaltvorgang noch ein weiteres Neutron zur zusätzlichen Erzeugung von künstlichem Spaltstoff entsprechend obiger Gleichung verfügbar zu haben, da U 238 selbst zur Spaltung weniger in Betracht kommt.

Der Grad der Umwandlung von Materie in Energie beträgt bei Kernspaltungsvorgängen etwa 0,07% und bei Kernverschmelzungsvorgängen 0,7%. Vergleichsweise beträgt der Grad der Umwandlung von Energie bei chemischen Reaktionen in der Größenordnung 10^{-8}%. Eine vollständige Umwandlung ist bei natürlichen Vorgängen im Weltall bekannt.

Einen Vergleich von Heizwerten üblicher Brennstoffe mit der durch Kernspaltung erzielbaren Energie von U 235 zeigt Tabelle 17:

Tabelle 17

1 kg	U 235	$21{,}6 \cdot 10^9$ kcal[1])
1 kg	Steinkohle	$7 \cdot 10^3$ kcal
1 kg	Heizöl	$10{,}5 \cdot 10^3$ kcal

Das bedeutet, daß 1 kg U 235 energetisch einer Menge von etwa 3000 t Steinkohle oder 2000 t Heizöl entspricht.

Bei Verwendung von (z. B. mit U 235, U 233) angereichertem Uran oder reinem U 235, U 233 oder Pu 239 ist der Spaltungsprozeß mit schnellen Neutronen durchführbar. Die Verwendung eines Moderators ist dann nicht mehr nötig. Bauausführungen nach diesem Verfahren sind als schnelle Reaktoren bekannt. Sie zeichnen sich durch erheblich geringere Abmessungen aus, sind aber schwieriger zu regeln.

Wie bereits erwähnt, strebt man an, durch die fast immer im Überschuß vorhandenen Neutronen nicht nur die Spaltungsvorgänge auszulösen, sondern noch zusätzlich Spaltmaterial zu erzeugen. Durch Einfang eines Neutrons durch U 238 ist dessen Umwandlung in Plutonium möglich (s. Seite 68).

Wenn man den Prozeß in einem Brenner derartig steuern kann, daß die entstehende Menge an Plutonium größer ist

---

1) Diese Energiemenge ist auch bei einem vollständigen Breeding (s. u.) aus U 238 zu gewinnen.

als der Verbrauch an U 235, so bezeichnet man diesen Prozeß als „Breeding“ (Brüten); er ist in einem mit angereichertem Uran betriebenen Versuchsreaktor in den USA schon verwirklicht worden und insofern von großer Bedeutung, als damit das gesamte in der Natur vorkommende Uran zur Energieerzeugung herangezogen werden könnte.

Analog zu den erwähnten Umwandlungen von Urankernen ist die Umwandlung von Thorium in das ebenfalls leicht spaltbare U 233 unter Aussendung von γ- und β-Strahlung möglich.

$$^{232}_{90}\mathrm{Th} + {}^{1}_{0}\mathrm{n} = {}^{233}_{90}\mathrm{Th} + \gamma$$

$$^{233}_{90}\mathrm{Th} = {}^{0}_{1}\mathrm{e} + {}^{233}_{91}\mathrm{Pa}$$

$$^{233}_{91}\mathrm{Pa} = {}^{0}_{1}\mathrm{e} + {}^{233}_{92}\mathrm{U}$$

b) Reaktortechnik

Eine Einteilung der Reaktoren ist nach verschiedenen Gesichtspunkten möglich.

Je nach der Geschwindigkeit der zur Spaltung verwendeten Neutronen bezeichnet man eine Reaktion als langsam (Energie des Neutrons etwa 0,025 eV), mittelschnell (1—1000 eV) oder schnell (> 1000 eV). Nach der Art des verwendeten Moderators unterscheidet man beispielsweise zwischen mit Graphit moderierten, mit schwerem (D_2O) oder normalem Wasser (H_2O) moderierten Reaktoren. Eine andere Einteilung erfolgt nach Art des verwendeten Spaltstoffes, z. B. natürliches oder angereichertes Uran. Als heterogen werden Reaktoren dann bezeichnet, wenn der Spaltstoff in fester Form gitterartig im Moderator eingelagert ist. Beim homogenen Reaktor werden dagegen Spaltstoff und Moderator in einer Lösung z. B. in Wasser, flüssigem Salz oder Metall vermischt. Ferner läßt sich nach Art des Kühlmittels (z. B. H_2O, D_2O, Na, Gase) jeweils mit natürlichem oder Zwangsumlauf eine Unterscheidung treffen. Schließlich ist eine Einteilung nach dem Verwendungszweck möglich, wie Versuchsreaktor, Brutreaktor,

Reaktoren zur Energieerzeugung usw. Im folgenden werden nur einige Beispiele von Reaktoren zur Krafterzeugung behandelt.

Die ersten gebauten Reaktoren dienten vorwiegend zur Plutoniumgewinnung für militärische Zwecke. Weiterhin sind Reaktoren in Betrieb bzw. geplant, die für medizinische oder Forschungszwecke oder auch zur Erzeugung von Spaltmaterial verwandt werden. Die bei der Spaltung entstehende Wärme muß hierbei an die Umgebung abgeführt werden. Im Gegensatz zu der Betriebsweise der ersten Versuchsreaktoren ist man heute bemüht, die anfallende Wärme zur Energieerzeugung nutzbar zu machen. Zur Zeit kommt hierfür nur der übliche Kraftmaschinenprozeß in Betracht, wobei der Reaktor die herkömmliche Feuerung ersetzt.

Gegenwärtig sind nur wenige ausschließlich zur Krafterzeugung verwandte Reaktoren mit nennenswerter Leistung bekannt geworden. Hierzu gehören auch die zum Antrieb von U-Booten und Flugzeugen entwickelten Typen. Es sind eine größere Anzahl von Atomkraftwerken in verschiedenen Ländern im Bau bzw. geplant, die in wesentlichem Umfang zur Energieerzeugung beitragen werden.

c) Bauarten von Reaktoren

Eine schematische Darstellung für einen Druckwasser-Reaktor zeigt Abb. 42 a. Der Reaktor arbeitet mit angereichertem Uran, wobei wegen des auftretenden relativ

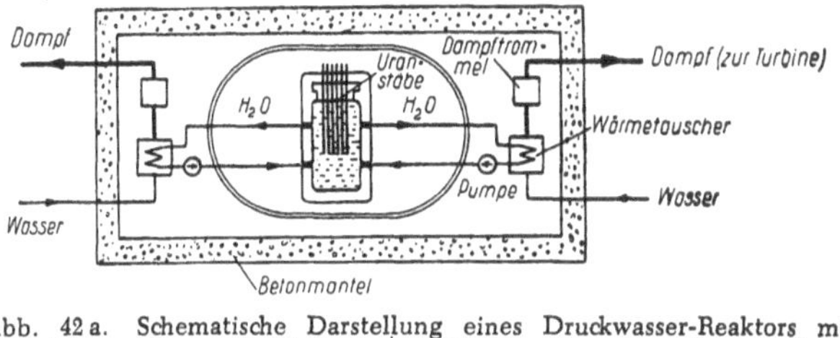

Abb. 42 a. Schematische Darstellung eines Druckwasser-Reaktors mit leichtem Wasser als Moderator und Kühlmedium [nach Benedict]

hohen Neutronenüberschusses Wasser trotz seiner Neutronenabsorption als Moderator verwandt werden kann.

Bei natürlichem Uran als Spaltstoff kommt aus den oben geschilderten Gründen im wesentlichen D_2O oder Graphit als Moderator in Betracht, da diese Stoffe praktisch keine Neutronen absorbieren. Um den Neutronenverlust klein zu halten, ist in diesem Falle meist ein Reflektor zur Abschirmung des Neutronenverlustes nach außen vorgesehen; weiterhin können hierbei nur wenig Neutronen absorbierende Werkstoffe, z. B. Aluminium, Zirkonium, benutzt werden, so daß hierbei auch hohe Temperaturen nicht erreichbar sind. Bei den mit angereichertem Uran betriebenen Reaktoren ist man in der Wahl der Baustoffe wesentlich freier.

Die wichtigsten Daten für den oben erwähnten Druckwasserreaktor sind in Tabelle 18 zusammengestellt. Eine Verdampfung des als Moderator und Kühlmittel (heterogener Zweistoffreaktor) verwendeten Wassers ist nicht

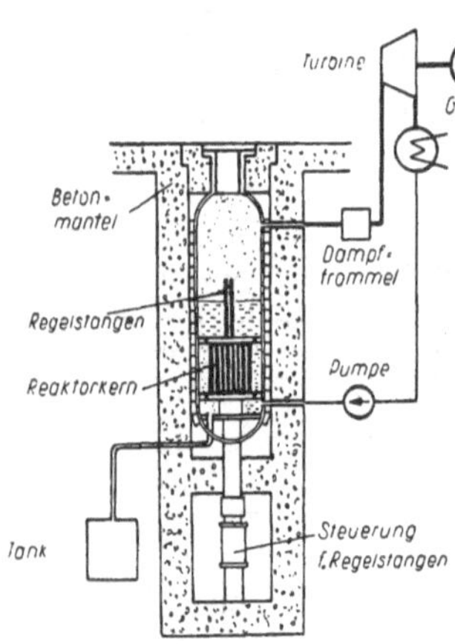

Abb. 42 b. Schematische Darstellung eines Verdampfer-Reaktors mit leichtem Wasser als Moderator und Kühlmedium [nach Benedict]

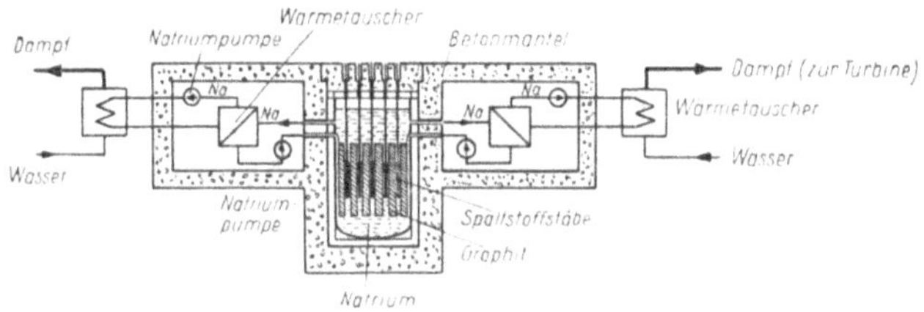

Abb. 42 c. Schematische Darstellung eines Natrium-Graphit-Reaktors [nach Benedict]

vorgesehen. Deshalb ist ein relativ hoher Druck erforderlich, um die Wärme bei verhältnismäßig hoher Temperatur an das eigentliche Arbeitsmedium (Wasser bzw. Wasserdampf von etwa 40 atü) abzuführen.

Beim Siedewasserreaktor nach Abb. 42 b und Tabelle 18 wird das Arbeitsmedium unmittelbar im Reaktor verdampft. Der Druck kann dadurch verringert, die Temperatur erhöht und somit ein größerer Wirkungsgrad erreicht werden. Von Nachteil ist bei dieser Ausführung, daß die Turbine wegen des radioaktiven Arbeitsmediums mit einem Strahlungsschutz versehen werden muß.

Bei Verwendung von Na als Kühlmittel (Abb. 42 c, Tabelle 18) lassen sich wegen des hohen Siedepunktes von etwa 900° C noch höhere Temperaturen erreichen. Es muß dann allerdings noch ein besonderer Moderator (Graphit) vorhanden sein (heterogener 3-Stoff-Reaktor), da Na hierfür nicht geeignet ist.

Ein Beispiel eines homogenen Brutreaktors zeigen Abb. 42 d und Tabelle 18. Der Spaltstoff (Uranyl-Sulfat in D_2O gelöst) wird bei ∾ 300° C und 140 ata durch den Reaktorkern gepumpt und führt die entstehende Wärme in einen Wärmetauscher zur Dampferzeugung ab. Ein besonderes Kühlmittel wird hierbei nicht verwandt. Der Kern ist mit einem flüssigen Brei von Thoriumdioxyd in D_2O umgeben (Brutmantel). Die überschüssigen Neutronen werden von Thorium absorbiert und wandeln dieses

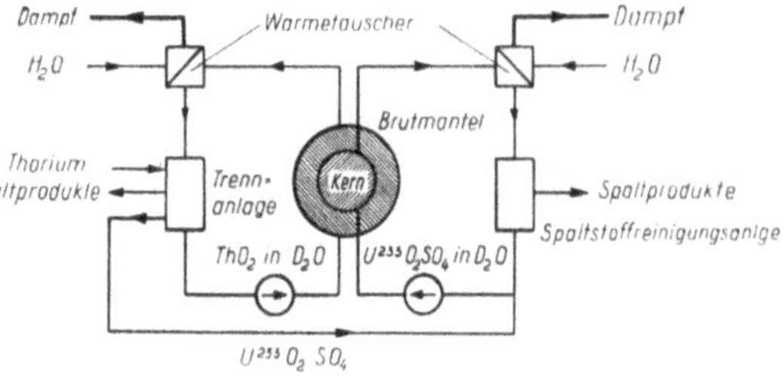

Abb. 42 d. Schematische Darstellung eines homogenen Brutreaktors [nach Benedict]

in U 233 um. In einer Trennanlage wird dann das entstandene U-233-Sulfat extrahiert und dem Spaltstoffkreis als Ersatz für das verbrauchte U 233 zugeführt. Auch die Spaltstofflösung fließt durch eine Trennanlage, in der die Spaltprodukte aus der Lösung entfernt werden.

In der Tabelle 18 sind auch für einen schnellen U-238-Brutreaktor einige Daten angegeben.

Als Beispiel für einen gasgekühlten Reaktor ist in Abb. 42e ein englisches Kraftwerk (Calder Hall) wiedergegeben, das 1956 in Betrieb genommen wurde und eine elektrische Leistung von 50 MW_e hat, die später auf 150 bis 200 MW_e erweitert werden soll. Der Reaktor arbeitet mit natürlichem, evtl. leicht angereichertem Uran und ist graphit-moderiert und durch CO_2 gekühlt. Das Gas steht unter einem Druck von 10 ata und tritt mit etwa 350° C in den Wärmetauscher ein, wo es zwei Verdampfungssysteme (HD und ND-Teil) durchströmt (siehe Abb. 42e).

Außerdem sind in Tab. 18 die Daten von deutschen, russischen und kanadischen Projekten angegeben.

Sind mehr als zur Aufrechterhaltung des Spaltungsvorganges notwendige Neutronen vorhanden, so beschleunigt sich der Prozeß und die Temperatur im Brenner steigt an. Eine Regelung ist z. B. durch mehr oder weniger tiefes

Einschieben von Neutronen stark absorbierenden Cadmium- oder Borstäben möglich. Hierbei spielt die Erscheinung eine bedeutende Rolle, daß ein kleiner Teil der bei der Kernspaltung entstehenden Neutronen mit einer gewissen Verzögerung frei wird. 99,27% aller frei werdenden Neutronen treten als „prompte" Neutronen auf, die restlichen 0,73% sind verzögert, mit Verzögerungszeiten bis zu etwa 80 sec. Daher kann der Reaktor so eingestellt werden, daß er ohne Berücksichtigung der verzögerten Neutronen gerade nicht kritisch ist, d. h. selbsttätig nicht weiterarbeiten würde. Die verzögerte Neutronenemission wird zur Regelung des Reaktors ausgenutzt.

Die Preise für den aus Atomenergie gewonnenen Strom hängen sehr stark von den jeweiligen Annahmen ab und sind deshalb unsicher. Man rechnet z. Z. etwa mit den 2—3fachen (z. T. höheren) Baukosten für Atom-Kraft-Kraftwerke im Vergleich zu Dampfkraftwerken auf Kohlebasis. Die Kosten durch den Verbrauch an spaltbarem Ma-

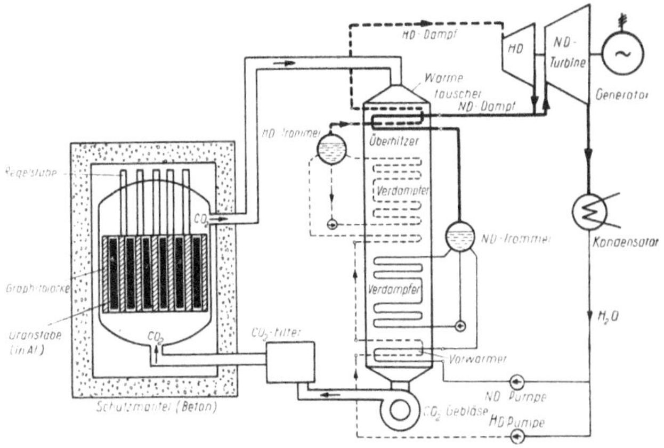

Abb. 42e. Schematische Darstellung eines gasgekühlten Reaktors (Calder Hall)

Tabelle 18. Daten einiger Atomkraftwerksprojekte (Stand 1955)

Land	USA					England	Kanada	UDSSR	Deutschland
Reaktor	Druckwasser-Reaktor	Verdampf.-Reaktor	Natrium-Graphit-Reaktor	Homogen. Versuchs-Reaktor	Versuchs-Brut-Reaktor	CO_2-Graph.-Reaktor	D_2O-Uran-Versuchs-Reaktor	Druckwasser-Reaktor	Versuchsreaktor
Ort	b. Pittsburgh Shipping-Port	Chicago	Los Angeles	Oak-Ridge	Chicago	Calder Hall 1. Bauabschnitt	des Joachim Ottawa-River	Nähe Moskau	Karlsruhe
Wärmeleistung, MW_{th}	264	20	20	10	62,5			30	10
Elektr. Leistung, MW_e	60	5	7,5	2	15	50	20	5	
Wirkungsgrad in %	22	25	37		24				
Baukost.	1420 $/k$W_e$	3400 $/k$W_e$	1330 $/k$W_e$	1500 $/k$W_e$	2660 $/k$W_e$	300—400 /kW_e	750 $/k$W_e$		
Spaltstoff	angereichertes Uran (1-2 % U 235)	angereichertes Uran (1-2 % U 235)	angereichertes U. (1-2% U 235)	$U^{233}O_2SO_4$ in D_2O	angereichertes Uran (Pu)	natürliches Uran (evtl. leicht angereich. Uran 1 % U 235)	natürliches Uran (evtl. leicht angereich. m. Pu)	angereich. Uran, 550 kg (5% U 235)	natürliches Uran
Moderator	H_2O	H_2O	Graphit	D_2O	kein	Graphit	D_2O	Graphit	D_2O
Kühlmittel	H_2O	H_2O	Natrium	Spaltstoff-Lösung	Natrium	CO_2	D_2O	H_2O	CO_2
Druck i. ata	140	~40	1	~140	1	10	84	100	
Brutmant.	kein	kein	kein	Thorium	U 238	kein	kein	kein	kein
Fertigstellung	1957	1956	1956	1956	1958	1956	1958	1954	

terial betragen einen Bruchteil der Brennstoffkosten üblicher Kraftwerke. Bei den bisher veröffentlichten Zahlen sind z. T. Entwicklungskosten enthalten, z. T. ist ein Erlös durch den Verkauf der zusätzlich erzeugten Produkte berücksichtigt, ein sicherer Vergleich ist demnach noch nicht möglich. Bei einigen Projekten werden bereits Werte für die Wirtschaftlichkeit angegeben, die diejenigen von Kohlekraftwerken erreichen.

Nach den vorliegenden Schätzungen darf man annehmen, daß die Weltförderung von Uran erheblich gesteigert werden kann. Die gesamte Energiereserve aus wirtschaftlich nutzbarem Uran mit Breeding wird zur Zeit auf $5{,}0 \cdot 10^{17}$ kWh geschätzt. Damit könnte der Energiebedarf der Welt für eine sehr lange Zeit vollständig gedeckt werden. Ein Vergleich der durch Kernspaltung gewinnbaren Energie mit dem Energiepotential der herkömmlichen Brennstoffe zeigt Tabelle 19.

Tabelle 19

Weltvorräte an Brennstoffen: Stand 1. 1. 1950 [21]

Brennstoff	Gesamtenergieinhalt der Vorräte	
	in 10^{18} kcal	in % d. Gesamtvorr.
Kohle	18,1	3,88
flüssige Brennstoffe	1,91	0,41
Erdgas	0,16	0,03
Herkömmliche Brennstoffe insgesamt	20,17	4,32
Uran[1])	428,0	91,84
Thorium[2])	17,9	3,84
Spaltstoffe gesamt	445,9	95,68
Gesamtenergievorräte	466,07	100

[1]) Hierbei wurde vollständiges Breeding vorausgesetzt.

[2]) Die Angaben über Vorräte an spaltbarem Material sind sehr unterschiedlich, da die Ansichten über die Abbauwürdigkeit verschieden sind und laufend neue Vorräte entdeckt werden. Vielfach werden die Thoriumvorräte noch höher als die von Uran angegeben.

Wie man sieht, entfällt also der weitaus größte Teil auf Uran und Thorium.

Eine weitere Möglichkeit zur Energiegewinnung ergibt sich, wie bereits erwähnt, durch Verschmelzen leichter Kerne, wie z. B. Wasserstoff zu Helium. Durch Erhitzen von Isotopen des Wasserstoffs auf außerordentlich hohe Temperaturen (einige hundert Mill. Grad) könnte dieser Kernverschmelzungsprozeß durchgeführt werden. Derartig hohe Temperaturen lassen sich z. Z. nur im Explosionszentrum einer Atombombe erreichen, die daher auch zur Zündung einer Wasserstoffbombe verwandt worden ist. Wenn es gelingen sollte, derartige Kernverschmelzungsprozesse technisch kontrollierbar zu verwirklichen, so würde ein praktisch unübersehbarer Energievorrat der Menschheit zur Verfügung stehen.

III. Kraftanlagen zur Deckung des Strom- und Wärmebedarfs und ihre Auslegung

1. Anlagen zur reinen Stromerzeugung

a) Dampfkraftanlagen

Als Kraftwerke, die nur zum Zweck der Stromerzeugung vorgesehen sind, kommen Kondensationsanlagen in Betracht. Die theoretischen Grundlagen und die Möglichkeiten zur Verbesserung der Wirtschaftlichkeit, wie Zwischenüberhitzung und Speisewasservorwärmung mittels Anzapfdampf, wurden in Kap. II dargestellt.

Die Entwicklung der Kondensationskraftwerke optimaler Wirtschaftlichkeit geht heute in Richtung höherer Drücke, größerer Einheiten und vor allem in Richtung höherer Temperaturen. Nach dem gegenwärtigen Stand der Technik sind Überhitzungstemperaturen bis etwa 650 ° C bereits beherrschbar, allerdings bedingt die Anwendung dieser Temperaturen den kostspieligen Übergang von ferritischen zu austenitischen Kessel- und Turbinenwerkstoffen. Zur Zeit sind mehrere Anlagen für 650 ° C in Deutschland und in anderen Ländern im Bau. Als Beispiel für eine ausgeführte Höchsttemperaturanlage sei das Kraftwerk Leverkusen erwähnt, das mit einer Heißdampftemperatur von 610 ° C bei einem Druck von 160 ata arbeitet (Bensonkessel).

Der Spitzenwert der Leistung liegt zur Zeit (1956) in Deutschland bei 150 000 kW (RWE Weisweiler), während der größte Einwellenturbosatz der Welt eine Leistung von 200 000 kW besitzt.

Als Bestwert des Wärmeverbrauchs in Kondensationskraftwerken wurde bisher 2330 kcal/kWh[1]) erreicht (Kraftwerk Twin Branche). Es gibt bereits eine große Zahl von Kraftwerken, deren Wärmeverbrauch unter 3000 kcal/kWh liegt. Im allgemeinen arbeiten diese Anlagen mit 7- bis 8facher Speisewasservorwärmung mittels Anzapfdampf.

In den USA ist ein Kraftwerk im Bau, für dessen Wirkungsgrad und Wärmeverbrauch bei neunfacher Speisewasservorwärmung und zweifacher Zwischenüberhitzung die Berechnungen:

$$\eta_w = 40{,}7\% \text{ und}$$
$$W = 2117 \text{ kcal/kWh} \text{ ergaben.}$$

Die maximale Kesselleistung liegt bei 620 t/h. Dieser mit Steinkohlenstaub gefeuerte Kessel ist mit 16 Stirnwandbrennern ausgerüstet. In Deutschland wurden Dampfleistungen von maximal 400 t/h im Kraftwerk Goldenberg bei Knapsack gebaut. Hierbei handelt es sich um Braunkohlenkessel mit achteckigem Feuerraum und Eckenbrennern. Neuerdings wurden zwei Braunkohlenkessel mit Deckenbrennern gebaut, die für 450 t/h ausgelegt sind (Kraftwerk Fortuna III).

Von 60 t/h Kesselleistung aufwärts werden im allgemeinen Staubfeuerungen verwandt. Davon arbeiten etwa die Hälfte mit flüssigem, die anderen mit trockenem

1) Das entspricht einem wirtschaftlichen Wirkungsgrad von $\eta_W = 36{,}9\%$.

Schlackenabzug. Der hohe Anteil der Kessel mit trockenem Ascheabzug ist darauf zurückzuführen, daß bei den großen Kesseleinheiten mit Braunkohlenfeuerungen noch wenig praktische Erfahrungen mit Schmelz- bzw. Zyklonfeuerung, bei denen der Schlackenabzug flüssig erfolgt (Abb. 59), vorliegen, obwohl schon Braunkohlen-Zyklonfeuerungen entwickelt worden sind. [8]

b) Gasturbinen und Dieselanlagen

Im Bereich großer Leistungseinheiten, etwa über 25 MW, sind bisher nur Dampfkraftanlagen gebaut worden. Für mittlere und kleinere Leistungen werden dagegen auch vielfach Gasturbinen und Dieselanlagen verwandt. Wie schon erwähnt, liegen die gegenwärtig erreichten Spitzenwerte der Leistung von Dampfturbinen bei etwa 200 MW, während die bisher größte ausgeführte Gasturbineneinheit eine Leistung von 23 MW und der größte Dieselmotor von etwa 15 MW aufweist.

Infolge ihrer kurzen Anfahrzeit eignen sich Gasturbinen und Dieselmotoren besonders für Spitzenlastwerke und Reserveeinheiten. Gelegentlich finden sie auch als Grundlastwerke Verwendung, vor allem in wasserarmen oder abgelegenen Gebieten. Die bisher größte Gasturbineneinheit von 23 000 kW befindet sich in Beznau (Schweiz) mit einem wirtschaftlichen Wirkungsgrad von $\eta_w = 32\%$ zusammen mit einer 17 000-kW-Einheit in Betrieb.

Die wirtschaftlichen Wirkungsgrade der verschiedenen Kraftanlagen liegen etwa in folgender Größenordnung:

Dampfkraftwerke	η_w	= 20 bis 30%	(37%)
Gasturbinen-Anlagen (mit Wärmetauscher)		= 25 bis 32%	(38%)
Dieselanlagen		= 30 bis 38%	(42%)

Die eingeklammerten Werte entsprechen den zur Zeit etwa erreichten Spitzenwerten. Ein Wirkungsgrad von 45% wurde bei einem hochüberladenen Dieselmotor mit Abgasturbolader (MAN) erreicht.

c) Auslegungsbeispiel einer Kondensationsanlage

Im folgenden wird ein Beispiel für die überschlägige thermodynamische Durchrechnung einer Kondensationsanlage angegeben. Es handelt sich hierbei um ein Kraftwerk mit Zwischenüberhitzung durch Rauchgase und dreifacher Speisewasservorwärmung durch Anzapfdampf. Wie das vereinfachte Schaltschema (Abb. 43) zeigt, wird das Kondensat jeder Vorwärmstufe durch eine Pumpe in die Hauptspeisewasserleitung gedrückt. Zur Vereinfachung der Rechnung werden Wärmeverluste vernachlässigt und die Verhältnisse bei Teillast nicht berücksichtigt.

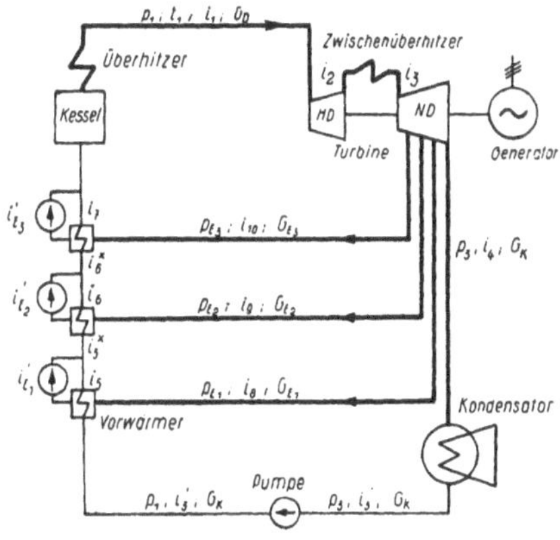

Abb. 43. Vereinfachtes Schaltschema einer Kraftwerksanlage mit dreifacher Speisewasservorwärmung mittels Anzapfdampf und Zwischenüberhitzung

Gegeben sei der Anfangszustand und die erforderliche elektrische Leistung der Anlage:

$$p_1 = 140 \text{ ata};$$
$$t_1 = 510^\circ \text{ C};$$
$$N_{el} = 80\,000 \text{ kW}.$$

Der Kondensatordruck wird durch die Kühlwassertemperatur bestimmt. Bei Annahme von Frischwasserkühlung ergibt sich

$$p_3 = 0{,}04 \text{ ata.}$$

Als Anhalt für die Wahl des Zwischenüberhitzungsdruckes p_2 sei erwähnt, daß der optimale Wert meist etwa bei $^1/_5$ des Anfangsdruckes liegt, daher wird gewählt:

$$p_2 = 28 \text{ ata.}$$

Die Zwischenüberhitzungstemperatur t_3 wird zu

$$t_3 = 450° \text{ C}$$

angenommen. Wenn im Kessel zwischenüberhitzt wird, kann t_3 etwa gleich der Heißdampftemperatur t_1 angenommen werden. Bei Zwischenüberhitzung mit kondensierendem Frischdampf ist ihr maximaler Wert durch die Sättigungstemperatur und die für den Wärmeübergang notwendige Temperaturdifferenz gegeben.

Die Wirkungsgrade der Hochdruck- und Niederdruckturbine $\eta_{i\,HD}$, $\eta_{i\,ND}$ und der mechanische und elektrische Wirkungsgrad werden geschätzt zu:

$$\eta_{i\,HD} = 0{,}82$$
$$\eta_{i\,ND} = 0{,}80$$
$$\eta_m = 0{,}95$$
$$\eta_{el} = 0{,}97$$

Damit liegen die Hauptdaten der Anlage fest. Die Dampfnässe bzw. der Dampfgehalt beim Austritt aus der Niederdruckstufe kann mit Hilfe des i-s-Diagramms ermittelt werden. Es ergibt sich der zulässige Wert $x_4 = 0{,}932$, während sich ohne Zwischenüberhitzung ein Wert von $x = 0{,}85$ ergeben würde.

Die Drücke für die Anzapfdampfmengen werden durch die gewünschte Vorwärmtemperatur des Speisewassers bestimmt. Bei Kesseln mit Rostfeuerung wird etwa 150° C, bei staubgefeuerten Kesseln 200° C (oder noch höher) als Vorwärmtemperatur gewählt. Es hat sich gezeigt, daß am besten eine gleichmäßige Aufteilung der Gesamterwärmung des Speisewassers auf die einzelnen Vorwärmstufen vorgenommen wird. Daher wird als Speisewassertemperatur nach der 1. Vorwärmstufe $t_5 = 85{,}4°$ C, nach der 2. Vorwärmstufe $t_6 = 143°$ C und nach der dritten Vorwärmstufe $t_7 = 200°$ C gewählt. Die entsprechenden Enthalpiewerte des Wassers betragen i_5 = 85,4 kcal/kg, i_6 = 143,6 kcal/kg und i_7 = 204 kcal/kg. Bei Verwendung von Mischvorwärmern entsprechen die Dampfdrücke den Sättigungstemperaturen 85,4° C, 143° C und 200° C. Werden dagegen, wie in diesem Beispiel, Oberflächenvorwärmer verwandt, so ist eine Temperaturdifferenz von 4 bis 10° C für den Wärmeübergang erforderlich. Daher ergeben sich bei Annahme einer Temperaturdifferenz von 8° C für die Anzapfdrücke p_{E_1} = 0,8 ata, p_{E_2} = 5,0 und p_{E_3} = 19 ata.

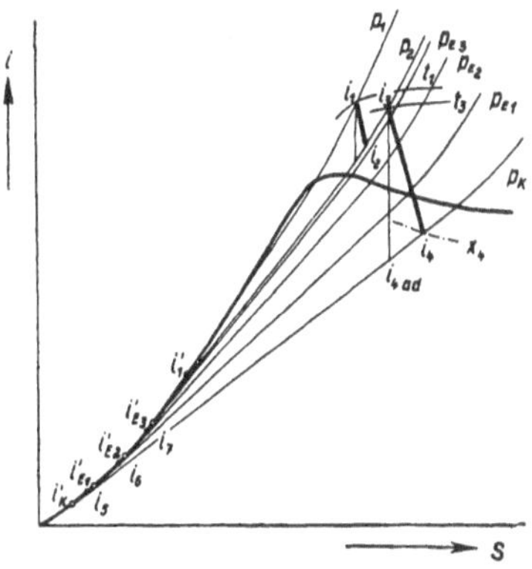

Abb. 44. Schematische Darstellung des Arbeitsprozesses einer Kondensationsanlage mit Zwischenüberhitzung und dreifacher Speisewasservorwärmung mittels Anzapfdampf im i-s-Diagramm

Um die Enthalpien i_8, i_9 und i_{10} des Anzapfdampfes aus dem i-s-Diagramm entnehmen zu können (Abb. 43 und 44), muß der Verlauf der Zustandsänderung des Dampfes bei der Entspannung in der Turbine bekannt sein. Da dies im allgemeinen nicht der Fall ist, zeichnet man angenähert den Verlauf der Zustandsänderung in das i-s-Diagramm ein und findet so die gesuchten Werte. Dann wird i_8 = 654 kcal/kg, i_9 = 722 kcal/kg und i_{10} = 780 kcal/kg. Wird mit G_E die jeweilige Entnahmedampfmenge und mit G_K das aus dem Kondensator kommende Wassergewicht bezeichnet, so folgt für die auf G_K bezogene Entnahmedampfmenge G_E:

$$G_{E_1} (i_8 - i'_{E_1}) = G_K (i_5 - i'_K)$$

$$\frac{G_{E_1}}{G_K} = \frac{i_5 - i'_K}{i_8 - i'_{E_1}} = \frac{85{,}4 - 28{,}6}{654 - 93}$$

$$\frac{G_{E_1}}{G_K} = 0{,}1012$$

Da das Kondensat des Vorwärmers in die Hauptspeisewasserleitung gedrückt wird und sich mit dem (kälteren) Speisewasser mischt, tritt das Wasser nicht mit i_5, sondern mit i_5^* in den zweiten Vorwärmer ein. Die Mischungsenthalpie i_5^* ergibt sich aus der Beziehung:

$$(G_K + G_{E_1})\, i_5^* = G_K \cdot i_5 + G_{E_1} i'_{E_1}$$

$$i_5^* = \frac{i_5}{1 + \frac{G_{E_1}}{G_K}} + \frac{i'_{E_1}}{\frac{G_K}{G_{E_1}} + 1}$$

$$i_5^* = \frac{85{,}4}{1 + 0{,}1012} + \frac{93}{\frac{1}{0{,}1012} + 1} \text{ kcal/kg}$$

$$i_5^* = 86{,}1 \text{ kcal/kg.}$$

Für die zweite und dritte Vorwärmstufe folgt analog:

$$G_{E_2} (i_9 - i'_{E_2}) = (G_K + G_{E_1})\, (i_6 - i_5^*)$$

$$\frac{G_{E_2}}{G_K} = \left(1 + \frac{G_{E_1}}{G_K}\right) \frac{i_6 - i_5^*}{i_9 - i'_E}$$

$$\frac{G_{E_2}}{G_K} = (1 + 0{,}1012)\, \frac{143{,}6 - 86{,}1}{722 - 152}$$

$$\frac{G_{E_2}}{G_K} = 0{,}111$$

$$(G_K + G_{E_1} + G_{E_2})\, i_6^* = (G_K + G_{E_1})\, i_6 + G_{E_2}\, i'_{E_2}$$

$$i_6^* = \frac{1+\frac{G_{E_1}}{G_K}}{1+\frac{G_{E_1}}{G_K}+\frac{G_{E_2}}{G_K}}\, i_6 + \frac{\frac{G_{E_2}}{G_K}}{1+\frac{G_{E_1}}{G_K}+\frac{G_{E_2}}{G_K}}\, i'_{E_2}$$

$$i_6^* = 144{,}43\ \text{kcal/kg} \sim 144\ \text{kcal/kg}$$

$$G_{E_3}\,(i_{10} - i'_{E_3}) = (G_K + G_{E_1} + G_{E_2})\,(i_7 - i_6^*)$$

$$\frac{G_{E_3}}{G_K} = \left(1 + \frac{G_{E_1}}{G_K} + \frac{G_{E_2}}{G_K}\right) \frac{i_7 - i_6^*}{i_{10} - i'_{E_3}}$$

$$\frac{G_{E_3}}{G_K} = (1+0{,}1012+0{,}111)\,\frac{204 - 144}{780 - 213}$$

$$\frac{G_{E_3}}{G_K} = 0{,}1282$$

Aus der Beziehung für die Leistung

$$N_{el} = \Big[(G_K + G_{E_1} + G_{E_2} + G_{E_3})\,(i_1 - i_2 + i_3 - i_{10}) + (G_K + G_{E_1} + G_{E_2})\,(i_{10} - i_9) + (G_K + G_{E_1})\cdot(i_9 - i_8) + (G_K)\cdot(i_8 - i_4)\Big]\,\eta_m\cdot\eta_{el}\,\frac{1}{860}$$

kann nunmehr der Durchsatz durch die Turbine ermittelt werden.

$$\frac{N_{el}\,860}{\eta_m\cdot\eta_{el}} = G_K\left[\left(1 + \frac{G_{E_1}}{G_K} + \frac{G_{E_2}}{G_K} + \frac{G_{E_3}}{G_K}\right)(i_1 - i_2 + i_3 - i_{10}) + \left(1 + \frac{G_{E_1}}{G_K} + \frac{G_{E_2}}{G_K}\right)(i_{10} - i_9) + \left(1 + \frac{G_{E_1}}{G_K}\right)(i_9 - i_8) + (i_8 - i_4)\right]$$

$$\frac{80\,000\ \text{kW}}{0{,}95\cdot 0{,}97} = G_K\ [1{,}3404\,(801 - 716 + 798 - 780) + 1{,}2122\,(780 - 722) + 1{,}1012\,(722 - 654) + (654 - 569)]\ \text{kcal/kg}\cdot\frac{1}{860}\frac{\text{kWh}}{\text{kcal}}$$

$$G_K = 202{,}6\ \text{to/h}.$$

Damit ergeben sich für die Entnahmemengen

$$G_{E_1} = 0{,}1012 \cdot G_K = 0{,}1012 \cdot 202{,}6 \text{ to/h}$$

$$G_{E_1} = 20{,}5 \text{ to/h}$$

$$G_{E_2} = 0{,}111 \cdot G_K = 0{,}111 \cdot 202{,}6 \text{ to/h}$$

$$G_{E_2} = 22{,}5 \text{ to/h}$$

$$G_{E_3} = 0{,}1282 \cdot G_K = 0{,}1282 \cdot 202{,}6 \text{ to/h}$$

$$G_{E_3} = 26{,}0 \text{ to/h.}$$

Der Gesamtdurchsatz des Kessels beträgt dann:

$$G_D = G_K + G_{E_1} + G_{E_2} + G_{E_3}$$

$$G_D = 272 \text{ t/h.}$$

Nunmehr lassen sich die Wirkungsgrade der Anlage berechnen. Bei Annahme einer Braunkohlenstaubfeuerung mit $H_u = 1800$ kcal/kg folgt für den Gesamtwirkungsgrad:

$$\eta_e = \frac{N_e \cdot 860}{(G_D - G_{E_3})\,(i_1 - i_7) + G_{E_3}\,(i_1 - i'_{E_3}) + G_D\,(i_3 - i_2)}$$

$$\eta_e = \frac{80\,000 \cdot 860 \,\frac{1}{0{,}97}}{[(272 - 26{,}0) \cdot (801 - 204) + 26{,}0 \cdot (801 - 213) + 272 \cdot (798 - 716)] \cdot 10^3}$$

$$\eta_e = 0{,}385.$$

Der Kesselwirkungsgrad sei zu 0,85 angenommen. Damit erhält man als wirtschaftlichen Wirkungsgrad

$$\eta_w = \frac{N_{el} 860}{B \cdot H_u} = \eta_e \cdot \eta_{el} \cdot \eta_K = 0{,}385 \cdot 0{,}97 \cdot 0{,}85$$

$$\eta_w = 31{,}75\%.$$

Die Verdampfungsziffer kann aus der Beziehung für den Kesselwirkungsgrad bestimmt werden

$$\eta_K = \frac{(G_D - G_{E_3})\,(i_1 - i_7) + G_{E_3}\,(i_1 - i'_{E_3}) + G_D\,(i_3 - i_2)}{B \cdot H_u}$$

$$\frac{G_D}{B} = \frac{\eta_K \cdot H_u \cdot G_D}{(G_D - G_{E_3})(i_1 - i_7) + G_{E_3}(i_1 - i'_{E_3}) + G_D(i_3 - i_2)}$$

$$\frac{G_D}{B} = \frac{0{,}85 \cdot 1800 \text{ kcal/kg } 272 \cdot 10^3 \text{kg/h}}{184{,}4 \cdot 10^6 \text{ kcal/h}}$$

$$\frac{G_D}{B} = 2{,}26 \text{ kg/kg.}$$

Für den Dampf- und Wärmeverbrauch ergibt sich:

$$D_{el} = \frac{G_D}{N_{el}} = \frac{275 \cdot 10^3 \text{ kg}}{80\,000 \text{ kWh}}$$

$$D_{el} = 3{,}4 \text{ kg/kWh}$$

$$W = \frac{860}{\eta_w} = \frac{860}{0{,}3175} \text{ kcal/kWh}$$

$$W = 2710 \text{ kcal/kg.}$$

Wird die Anlage ohne Speisewasservorwärmung betrieben, so erhält man aus

$$N_{el} = G_D\,[(i_1 - i_2) + (i_3 - i_4]\,\eta_m \cdot \eta_{el} \cdot \frac{1}{860}$$

das Dampfgewicht

$$G_D = \frac{N_{el} \cdot 860}{\eta_m \cdot \eta_{el}\,[(i_1 - i_2) + (i_3 - i_4)]}$$

$$G_D = \frac{80\,000 \text{ kW } 860 \text{ kcal/kWh}}{0{,}95 \cdot 0{,}97\,(85 + 229) \text{ kcal/kg}}$$

$$G_D = 238 \text{ to/h}$$

$$\eta_e = \frac{N_e \cdot 860}{G_D\,[(i_1 - i'_K) + (i_3 - i_2)]}$$

$$\eta_e = \frac{80\,000 \cdot 860 \text{ kcal/h} \cdot \frac{1}{0{,}97}}{238 \cdot 10^3 \text{ kg/h } [(801 - 28{,}6) + (798 - 716)] \text{ kcal/kg}}$$

$$\eta_e = 0{,}338$$

$$\eta_w = \eta_K \cdot \eta_e \cdot \eta_{el}$$

$$\eta_w = 27{,}9\%$$

$$\eta_K = \frac{G_D \; [(i_1 - i'_K) + (i_3 - i_2)]}{B \cdot H_u}$$

$$\frac{G_D}{B} = \frac{\eta_K \cdot H_u}{(i_1 - i'_K) + (i_3 - i_2)}$$

$$\frac{G_D}{B} = \frac{0{,}85 \cdot 1800 \text{ kcal/kg}}{854{,}4 \text{ kcal/kg}}$$

$$\frac{G_D}{B} = 1{,}79 \text{ kg/kg}$$

$$D_{el} = \frac{G_D}{N_{el}} = \frac{238 \cdot 10^3 \text{ kg}}{80 \cdot 10^3 \text{ kWh}}$$

$$D_{el} = 2{,}975 \text{ kg/kWh}$$

$$W = \frac{860}{\eta_w} = 3080 \text{ kcal/kWh.}$$

Der wirtschaftliche Wirkungsgrad der Anlage verschlechtert sich also bei Wegfall der Vorwärmung um etwa 4% absolut.

Moderne Kondensationsanlagen werden heute in der Regel mit 6—8stufiger Speisewasservorwärmung ausgeführt. Die Frischdampftemperatur t_1 wird dann vielfach höher als im Rechenbeispiel gewählt. Ebenso kann eine größere Dampfnässe zugelassen werden, so daß sich eine Zwischenüberhitzung u. U. vermeiden läßt. Das Beispiel soll lediglich den grundsätzlichen Rechnungsgang bei der Auslegung einer Anlage erläutern.

2. Anlagen zur Strom- und Wärmeerzeugung

Im allgemeinen werden in Industriebetrieben neben Strom auch mehr oder weniger große Wärmemengen benötigt, und zwar für folgende Zwecke:

Heizen,
Trocknen,
Eindicken oder Verdampfen,
Erwärmen,
Schmelzen.

Während Zucker-, Papier-, Textil-, chemische Fabriken, Färbereien, Webereien usw. in ihrer Produktion große Wärmemengen verbrauchen, wird in Maschinenfabriken nur wenig Dampf für Produktionszwecke und Raumheizung benötigt.

Die erforderlichen Raumtemperaturen betragen in Büroräumen etwa 18 bis 20°, in Werkstätten 14 bis 16°. Da Werkstätten viel Eigenwärme erzeugen, z. B. durch Schweißarbeiten usw., ist ihr Heizdampfbedarf relativ klein gegenüber dem von Büroräumen, so daß sie bis Oktober praktisch kaum geheizt zu werden brauchen.

Die Versorgung der Werkstätten und Büros mit Heizdampf erfolgt normalerweise von zentraler Stelle aus. Trotzdem lassen sich evtl. vorhandene Heizungsanlagen in den einzelnen Gebäuden gut verwenden. Wenn beispielsweise im Herbst mitunter kalte Tage auftreten, lohnt es sich kaum, die ganze Anlage in Betrieb zu setzen. Dann wird die Beheizung der Büroräume, die zeitlich früher als in den Werkstätten erfolgen muß, u. U. besser durch die örtlich angelegten Heizanlagen vorgenommen.

In vielen Betrieben, z. B. Maschinenfabriken, wird im allgemeinen versucht, den erforderlichen Heizdampf aus Abfallwärme z. B. von Industrieöfen, zu beziehen. Die Öfen müssen zu diesem Zwecke mit Abhitzekesseln versehen sein.

Im Sommer liegt für den Heizdampf keine Verwendungsmöglichkeit vor. Dann kann man entweder die Abhitzekessel stillsetzen oder den Dampf in Abdampfturbinen ausnutzen. Ob sich die teuren Anlagen- und Unterhaltungskosten für Abhitzekessel, Abdampfturbine usw. lohnen, hängt von den jeweiligen Umständen ab.

Der Verbrauch an Fabrikationsdampf ist mehr oder weniger starken Schwankungen unterworfen und von den besonderen Betriebsverhältnissen abhängig. Bei der

Auslegung einer Anlage muß daher der zeitliche Verlauf des Dampfbedarfes bekannt sein, um die Auslegung in wirtschaftlicher Weise durchführen zu können. Da man nicht immer allen Anforderungen gerecht werden kann, muß ggf. eine Kompromißlösung gefunden werden.

Durch eine Kombination von Kraft- und Wärmeerzeugung läßt sich die Wirtschaftlichkeit von Kraftanlagen erheblich steigern. Während bei reinen Kondensationskraftwerken je nach Größe und Ausbau der Anlage Wirkungsgrade von 20 bis 30% und besser erreicht werden, sind bei kombinierten Anlagen Wirkungsgrade bis zu 70% möglich, weil ein Teil der Wärme, der sonst im Kondensator verlorengeht, nutzbar gemacht wird (vgl. Darstellung im T-s-Diagramm, Abb. 16). Daher wird diese Kombination nach Möglichkeit überall dort angestrebt, wo gleichzeitig Strom- und Wärmebedarf vorhanden ist. Man unterscheidet bei kombinierten Anlagen zwischen Gegendruck- und Entnahmeanlagen.

a) Gegendruckanlagen

Bei Gegendruckanlagen (Abb. 45) wird der gesamte Dampf nach der Expansion in der Turbine zur Wärmeabgabe herangezogen. Der Gegendruck wird durch den verlangten Druck des Heizdampfes vorgeschrieben. Hierbei ist darauf zu achten, den Druckverlust in den Rohrleitungen und im Wärmetauscher bzw. die für den Wärmetauscher erforderliche Temperaturdifferenz bei der Festlegung der Höhe des Gegendruckes zu berücksichtigen. Im allgemeinen richtet man sich bei der Wahl des Gegendruckes nach den Hauptdampfabnehmern. Sind auch kleinere Wärmeverbraucher vorhanden, die einen höheren Heizdampfdruck benötigen, so wird entweder Frischdampf auf den gewünschten Druck herabgedrosselt oder der Dampf in einem Dampfumformer gesondert erzeugt. Als Dampfumformer benutzt man meist Wärmetauscher, die mit Frischdampf beheizt werden und

Dampf des gewünschten Druckes erzeugen. Das Kondensat des Frischdampfes wird wieder dem Kessel zugeführt. Oft werden Dampfumformer auch dann verwendet, wenn das Kondensat des Fabrikationsdampfes nicht vollständig wiedergewonnen werden kann. Es müßte sonst dem Verbrauch entsprechend ständig Zusatzwasser zugeführt werden, dessen Aufbereitungskosten sich so einsparen lassen.

Da bei reinem Gegendruckbetrieb keine Möglichkeit vorhanden ist, in der Maschine die Schwankungen des Strom- und Heizdampfbedarfes auszugleichen, muß die zeitliche Übereinstimmung von Strom- und Wärmebedarf ggf. durch Wärmespeicher kompensiert werden. Ist dies nicht möglich, so kann z. B. bei fallendem Druck in der Heizdampfleistung Frischdampf zugesetzt werden.

b) Entnahmeanlagen

Bei Entnahmeanlagen (Abb. 46) wird der erforderliche Heizdampf der Turbine oder der Kolbendampfmaschine bei einem oder mehreren Drücken entnommen. Da Turbinen an mehreren Stellen angezapft werden können, sind sie wesentlich anpassungsfähiger und daher auch mehr verbreitet als Entnahmedampfmaschinen, die nur eine Anzapfung zwischen Hoch- und Niederdruckzylindern erlauben.

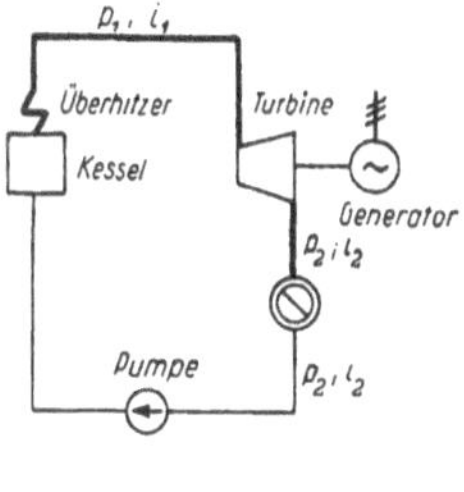

Abb. 45. Vereinfachtes Schaltschema einer Gegendruckanlage

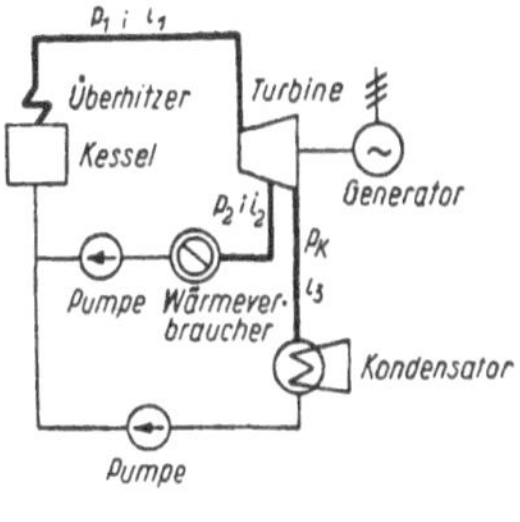

Abb. 46. Vereinfachtes Schaltschema einer Entnahme-Kondensationsanlage

Man unterscheidet zwischen Entnahmekondensations- und Entnahmegegendruckturbinen. Bei der in Abb. 47 dargestellten Entnahmekondensationsturbine sind die Anzapfstutzen zu erkennen.

Da bei einer Entnahmekondensationsturbine die Leistung unabhängig von der Dampfentnahme sein muß, sind zwei Regelorgane erforderlich: ein Frischdampfregler vor dem Hochdruckteil, der das Einströmen des erforderlichen Dampfgewichtes steuert, und ein Entnahmedampfregler (Druckregler) am Niederdruckteil, der den Anzapfdruck regelt. Fällt z. B. der Heizdampfdruck durch eine zu große Dampfentnahme, so muß dem Hochdruckteil mehr und dem Niederdruckteil weniger Dampf zugeführt werden, damit die Turbinenleistung gleich bleibt. Beide Regler müssen also gemeinsam auf die Steuerung einwirken.

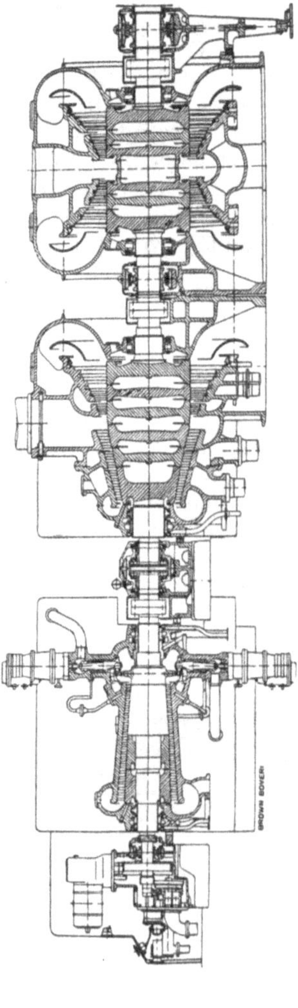

Abb. 47. Schnitt durch eine BBC-Entnahmekondensationsturbine 150 MW, 110 ata, 535 ° C, sechsfache Dampfentnahme zur Speisewasservorwärmung (Kraftwerk RWE Weisweiler)

c) Auslegungsbeispiele für kombinierte Anlagen

Das Verhältnis a der stündlich benötigten Heizdampfmenge in kg/h zum Strombedarf in kW ist als ungefährer Anhaltspunkt für die Wahl der Betriebsart eines Industriekraftwerkes kennzeichnend. Je nach der Größe dieser Kennzahl a kommt ungefähr folgende Auslegung in Betracht: bei

a = 0 bis 5 Kondensations- oder Entnahmeanlagen,
a = 5 bis 10 Entnahmeanlagen,
a = 10 bis 20 Gegendruckanlagen,
a = 20 bis 40 Gegendruckanlagen bei Überschußenergie.

Die vorliegende Einteilung ist nur ein Vorschlag für informatorische Richtwerte. In speziellen Fällen können weitgehende Abweichungen im Hinblick auf örtliche Gegebenheiten auftreten.

In der Maschinenindustrie, die vorwiegend Strom braucht, ist a $\sim$ 0. Heizdampfbedarf liegt nicht oder nur in geringem Maße vor. Die Deckung des Strombedarfs erfolgt bei kleinen Firmen meist durch Fremdstrombezug, bei größeren Firmen kann sich der Bau eigener Kraftwerke lohnen. Meist sind diese nur tagsüber in Betrieb, während nachts Strom bezogen wird, denn bei der meist geringen Belastung der 3. Schicht arbeitet ein betriebseigenes Kraftwerk im allgemeinen unwirtschaftlich. Außerdem ist der Nachtstrom sehr billig, weil man bestrebt ist, die Grundlastwerke möglichst mit hoher Last durcharbeiten zu lassen. Daher wird vielfach nachts der Strom fast zum Selbstkostenpreis abgegeben.

Bei Tuchfabriken, Webereien, Spinnereien, Papierfabriken usw. liegt die Kennziffer a in der Größenordnung von 10 bis 20 kg/kWh. Die größte Wirtschaftlichkeit wird hierbei normalerweise mit Gegendruckanlagen erreicht.

Übersteigt a den Wert 20 kg/kWh z. B. bei Zucker-, Textil-, Papier- und chemischen Fabriken, so wird zur Deckung des Strombedarfs nur ein kleines Wärmegefälle benötigt. Zur Verbesserung der Wirtschaftlichkeit wählt man aber die Dampfdrücke und -temperaturen der Gegendruckanlage höher als an sich zur Deckung des eigenen Strombedarfs erforderlich ist und sucht den anfallenden Überschußstrom an ein Nachbarwerk oder ans öffentliche Netz zu verkaufen. Da die Elektrizitätswerke meist tagsüber Stromlieferungen zur Abdeckung der Spitzenbelastung gebrauchen können, kann man vielfach nachts zum gleichen Preise den Strom vom öffentlichen E-Werk beziehen und die eigene Anlage stillsetzen.

Die Darstellung dieser Prozesse im T-s-Diagramm und die thermodynamischen Grundlagen wurden bereits in Abschnitt II behandelt. Im folgenden wird daher lediglich der Berechnungsgang für eine überschlägige Auslegung eines Industriekraftwerkes mit kombinierter Strom- und Wärmeerzeugung aufgezeigt.

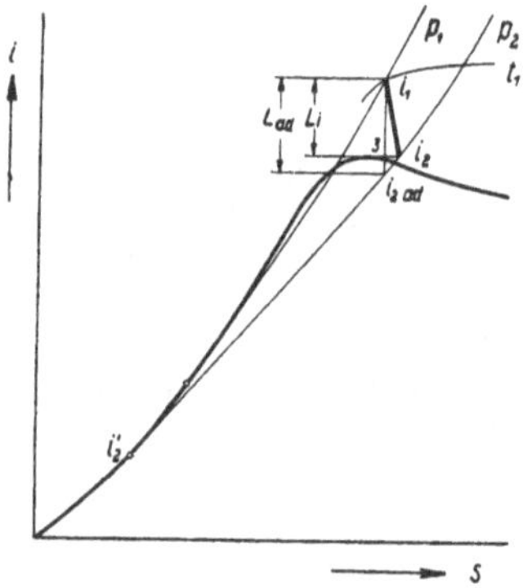

Abb. 48. Schematische Darstellung des Arbeitsprozesses einer Gegendruckanlage im i-s-Diagramm

Beispiel: Gegendruckanlage

Gefordert sei ein Heizdampfbedarf von $G_H = 16{,}5$ t/h bei einem Druck von 1 atü und ein Strombedarf von $N_{el} = 1440$ kW. Die Kennziffer beträgt dann

$$a = \frac{G_H}{N_{el}} = \frac{16\,500}{1\,440} \cdot \frac{\text{kg}}{\text{kWh}} = 11{,}5 \frac{\text{kg}}{\text{kWh}}.$$

Es ist daher zweckmäßig, eine Gegendruckanlage zu wählen. Der Dampfzustand bei Austritt aus der Turbine (Punkt i_2 in Abb. 48) wird so festgelegt, daß er in der Nähe der Grenzkurve, aber etwas im überhitzten Gebiet liegt, damit in den Zuleitungsrohren keine zu großen Verluste entstehen. Denn überhitzter Dampf hat bekanntlich eine schlechtere Wärmeübergangszahl als kondensierender Dampf[1]). Die Wirkungsgrade η_i, η_m und η_{el} werden geschätzt zu

$$\eta_i = 0{,}8$$
$$\eta_m = 0{,}95$$
$$\eta_{el} = 0{,}96.$$

Damit können die innere und adiabatische Arbeit der Turbine bestimmt werden. Es ist

$$A\,L_i = i_1 - i_2 = \frac{N_{el}\,860}{G_H \cdot \eta_m \cdot \eta_{el}};$$

$$A\,L_i = \frac{1\,440 \cdot 860 \text{ kcal/h}}{16\,500 \text{ kg/h} \cdot 0{,}95 \cdot 0{,}96} = 82{,}4 \text{ kcal/kg}.$$

$$A\,L_{ad} = i_1 - i_{2ad} = \frac{L_i}{\eta_i}$$

$$A\,L_{ad} = \frac{82{,}4}{0{,}8} \frac{\text{kcal}}{\text{kg}} = 103 \text{ kcal/kg}.$$

In Abb. 48 trägt man also $(L_{ad} - L_i) = 20{,}6$ kcal/kg von der Linie $i_2 = \text{const.}$ so nach unten ab, daß der Endpunkt auf der Drucklinie $p_2 = 2$ ata liegt.

Wird $i_2 = 653$ kcal/kg angenommen, so ergibt sich

$$i_{2ad} = 632{,}4 \text{ kcal}.$$

1) Für überschlägige Rechnungen kann i_2 auch auf der Grenzkurve $x=1$ angenommen werden.

Von i_{2ad} aus muß L_{ad} nach oben abgetragen werden, und man erhält den Punkt $i_1 = 735{,}4$ entsprechend

$$p_1 = 16 \text{ ata}$$
$$t_1 = 320^\circ \text{ C}$$

Wenn der gefundene Anfangsdruck keinem Normdruck entspricht, so wird der nächst höhere genormte Druck gewählt.

Beispiel: Entnahmeanlage

Bei der Auslegung einer Entnahmeanlage kann der Zustand vor der Turbine i_1 nicht unmittelbar berechnet werden, weil lediglich der Heizdampfbedarf, nicht aber der gesamte Dampfdurchsatz bekannt ist. Daher muß der Anfangszustand p_1, t_1 (i_1) geschätzt werden.

Gefordert sei ein Heizdampfbedarf von 12,5 t/h bei 1,4 atü. Die erforderliche elektrische Leistung sei 1800 kW, so daß hier die Kennziffer a einen Wert von 7 kg/kWh ergibt. Als Anfangszustand wird gewählt

$$p_1 = 16 \text{ ata}$$
$$t_1 = 330^\circ \text{ C.}$$

Die Wirkungsgrade und der Kondensatordruck werden angenommen zu

$$\eta_{iHO} = 0{,}79$$
$$\eta_{iNO} = 0{,}8$$
$$\eta_m = 0{,}95$$
$$\eta_{el} = 0{,}96$$
$$p_K = 0{,}06 \text{ ata.}$$

Für das Wärmegefälle der Hochdruckstufe ergibt sich dann

$$A\,L_{iHD} = (i_1 - i_{2ad}) \cdot \eta_i;$$

$$A\,L_{iHD} = (741 - 642) \cdot 0{,}79 \frac{\text{kcal}}{\text{kg}} = 78{,}2 \text{ kcal/kg.}$$

Es muß nachgeprüft werden, ob der Zustand i_2 beim Austritt aus der Hochdruckstufe nicht im Naßdampfgebiet liegt. Sonst ist die Schätzung bzw. Rechnung zu wiederholen.

$$i_2 = i_1 - A\,L_{iHD};$$

$$i_2 = (741 - 78{,}2) \text{ kcal/kg} = 662{,}8 \frac{\text{kcal}}{\text{kg}}.$$

Aus dem i-s-Diagramm (Abb. 49) folgt dann $t_2 = 154^\circ$ C. Punkt 2 liegt also noch im überhitzten Gebiet.

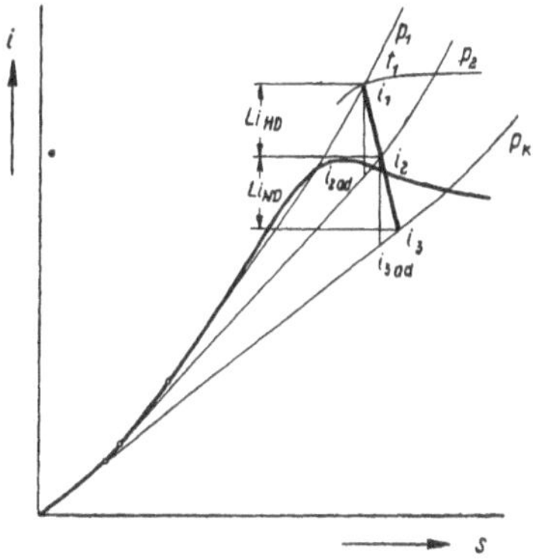

Abb. 49. Schematische Darstellung des Arbeitsprozesses einer Entnahme-Kondensationsturbine im i-s-Diagramm

Für die Arbeit der Turbine in der Niederdruckstufe erhält man

$$A\,L_{iND} = (i_2 - i_{3ad}) \cdot \eta_i$$

$$A\,L_{iND} = (662{,}8 - 530) \cdot 0{,}8\,\frac{\text{kcal}}{\text{kg}} = 106{,}2\ \text{kcal/kg}$$

Da die Dampfnässe üblicherweise 10—12% nicht überschreiten darf, muß der Wert für x_3 zur Kontrolle ermittelt werden.

$$i_3 = i_2 - A\,L_{iHD};$$

$$i_3 = 662{,}8 - 106{,}2\ \text{kcal/kg} = 556{,}6\ \text{kcal/kg}$$

$$x_3 = 0{,}903.$$

Die Dampfnässe ist demnach tragbar. Da die elektrische Leistung bekannt ist, läßt sich der Dampfdurchsatz G_D ermitteln. Wird mit G_{ND} das in der Niederdruckstufe arbeitende Dampfgewicht und G_E die Entnahmedampfmenge bezeichnet, so gilt:

$$N_{el} = [(G_{ND} + G_E)\,AL_{iHD} + G_{ND}AL_{iND}] \cdot \eta_m \cdot \eta_{el}\,\frac{1}{860}$$

$$\frac{N_{el}\ 860}{\eta_m \cdot \eta_{el}} = G_{ND}(AL_{iHD} + AL_{iND}) + G_E \cdot AL_{iHD}$$

$$G_{ND} = \frac{\frac{N_{el}\ 860}{\eta_m \cdot \eta_{el}} - G_E \cdot AL_{iHD}}{AL_{iHD} + AL_{iND}}$$

$$G_{ND} = \frac{\frac{1800\ \text{kW}\ 860\ \frac{\text{kcal}}{\text{kWh}}}{0{,}95 \cdot 0{,}96} - 12{,}5 \cdot 10^3\ \frac{\text{kg}}{\text{h}} \cdot 78{,}2\ \frac{\text{kcal}}{\text{kg}}}{(78{,}2 + 106{,}2)\ \text{kcal/kg}}$$

$G_{ND} = 3{,}9$ t/h.

Der Gesamtdurchsatz G_D folgt hieraus zu:

$G_D = G_{ND} + G_E$
$G_D = 3{,}9 + 12{,}5$ t/h $= 16{,}4$ t/h.

IV. Kostenrechnung

1. Kostentheorie

a) Aufgaben der Selbstkostenrechnung

Die Untersuchung der Selbstkosten eines Betriebes gewinnt um so mehr an Bedeutung, je stärker Produktion und Planung der Elektrizitätsversorgungsunternehmungen (EVU) und der industriellen Eigenanlagen nach konkurrenzwirtschaftlichen Grundsätzen betrieben werden. In einer Zeit, in der man sich von planwirtschaftlichen Maßnahmen abwendet, wie staatliche Preiskontrolle und Preisstop, Verwendungs- und Lieferungszwang, Investitionslenkung und Subventionierung, gelangt die Preis- und Absatzpolitik wieder mehr in die Verantwortlichkeit der Betriebsführung. Um eine Fehlleitung von Produktionsfaktoren zu vermeiden, müssen deshalb die Überlegungen bei der Projektierung von Neuanlagen und bei der Untersuchung der Rentabilität und Entwicklungsmöglichkeit vorhandener Anlagen ständig im Hinblick auf Selbstkosten und Absatzlage überprüft werden. Eine einseitige kalorische Bewertung verkennt zu leicht, daß

Brennstoffersparnis nicht unbedingt eine Erhöhung der Wirtschaftlichkeit bedeutet.

Die Selbstkostenrechnung eines Kraftwerkunternehmens muß also folgende Aufgaben erfüllen:

I. Überwachung der Betriebsführung von der Kostenseite her;

II. Überprüfung der Wirtschaftlichkeit des Betriebes durch:
   1. Zeitvergleich (Vergleich von Zahlen gleichen Charakters, verschiedener Perioden oder Stichtage aus demselben Betrieb) [1, 2],
   2. Soll-Ist-Vergleich als Plankostenrechnung (bei Vorliegen umfangreichen Erfahrungsmaterials verschiedener Betriebe) [1, 3],
   3. Zwischenbetrieblicher Vergleich (von Betrieben gleicher Art über gleiche Abrechnungszeiträume) [1, 4].

III. Ermittlung der Grundlagen der Preis- und Absatzpolitik [2];

IV. Aufstellung von Kennzahlen zur Beurteilung von projektierten Neuanlagen [1].

b) Einteilung der Selbstkosten

Die Kosten von Energieerzeugungsanlagen werden in leistungs- und arbeitsabhängige Kosten eingeteilt. Die leistungsabhängigen Kosten hängen nur von der Zahl der installierten kW und nicht von der Ausnutzung der Anlagen ab. Sie werden daher auch als fixe Kosten bezeichnet, wobei „fix“ nicht absolut unveränderlich, sondern unabhängig vom Ausnutzungsgrad, d. h. von der Beschäftigungslage des Unternehmens bedeutet. Hierunter fallen:

1. Kalkulatorische Kosten:
   a) Abschreibungen,
   b) Zinsen,
   c) Steuern und Versicherungen,
   d) Konzessionsabgaben;
2. Sach- und Personalkosten, soweit sie die Betriebsbereitschaft betreffen, von der Produktion jedoch unabhängig sind.

Über längere Zeiträume gesehen, können die fixen Kosten veränderlich werden, z. B. durch Änderung der Abschreibsätze, des Zinsfußes, der Löhne und der Sachkosten. Eine Änderung des Abschreibsatzes kann beispielsweise durch dauernde Überlastung und dadurch vorzeitige Abnutzung oder durch technische Neuerungen hervorgerufen werden, die die Anlage vorzeitig veralten lassen.

Um eine Kontrolle der Betriebsführung bzw. des Betriebsverhaltens als Zeitvergleich durchführen zu können, müssen die nicht durch den Betrieb, sondern durch Änderung der Preise der Produktionsfaktoren bedingten Kostenschwankungen (z. B. Kohlepreisänderung) gesondert berücksichtigt werden (Vergleichbarkeitsprinzip).

Als arbeitsabhängige Kosten bezeichnet man die mit der Ausbringung[1]) variablen Kosten. Sie werden auf die Erzeugungseinheit, z. B. die kWh, bezogen. Hierunter fallen:

1. Sachkosten:
   a) Kohlekosten,
   b) Speisewasserkosten,
   c) Materialkosten, ausschließlich der zur Aufrechterhaltung der Betriebsbereitschaft erforderlichen Materialien;
2. Personalkosten, soweit sie von der Ausnutzung beeinflußt werden:
   a) Löhne,
   b) Gehälter.

Bei großen Grundlastkondensationsanlagen, die praktisch mit konstanter Last betrieben werden, ist eine Veränderlichkeit der Kosten für Bedienung und Unterhalt kaum zu beobachten. Eine Aufteilung dieser Kosten in fixe und variable erübrigt sich daher hier, wohingegen sie bei kleineren Industriekraftwerken zweckmäßig ist. Da diese sich kurzfristig den auftretenden Produktions- und

[1]) Unter Ausbringung werden die Erzeugnisse des Betriebes verstanden, z. B. die kWh bei Kondensationskraftwerken.

Belastungsänderungen anpassen müssen, schwankt ihre Leistung in weiten Grenzen, unter Umständen bis zur schichtweisen Außerbetriebnahme.

Es muß in den einzelnen Fällen untersucht werden, wie die arbeitsabhängigen Kosten von der Ausbringung abhängen. Die in der Praxis häufig unterstellte Proportionalität von variablen Kosten und Ausbringung ist nur eine Annäherung. Bei den Kohlekosten kann nur dann ein proportionaler Anstieg erwartet werden, wenn die Anlage so weit in voneinander unabhängige Einheiten unterteilt ist, daß jede Leistung mit gleichem Wirkungsgrad erzeugt werden kann. Im Normalfall wird der Verlauf der Kohlekosten leicht degressiv, d. h. unterproportional sein, da die Auslegung des Kessels im allgemeinen so erfolgt, daß sich der beste Wirkungsgrad etwa bei Vollast ergibt. Bei Überbelastung steigen die Kohlekosten meist progressiv, d. h. überproportional, an. Die Instandhaltungskosten verlaufen bei Überschreiten einer bestimmten Leistung normalerweise progressiv. Der Bereich der Kostenprogression ist jedoch sehr eng, weil bei einer vorhandenen Anlage nur eine geringe Leistungssteigerung über die optimale hinaus möglich ist. Die Kosten können an den einzelnen Kostenstellen zwar variabel, über den gesamten Betriebsablauf gesehen jedoch fix sein. Es ist z. B. möglich, das Bedienungspersonal eines kurzzeitig infolge Belastungsrückganges außer Betrieb gesetzten Kessels anderweitig zu beschäftigen, so daß zwar an der Kostenstelle dieses Kessels die Personalkosten arbeitsabhängig sind, die Personalkosten des Betriebes jedoch leistungsabhängig bleiben. Unter Umständen kann daher auch eine andere Kostenaufteilung als die beschriebene zweckmäßig sein [6].

c) Abhängigkeit der Kosten von der Ausnutzung der Anlage

Ermittelt man die absoluten Gesamterzeugungskosten (in DM) einer Anlage über einen Abrechnungszeitraum (z. B. einen Monat) in Abhängigkeit von der erzeugten

Arbeit, wobei die Belastung während dieses Zeitraumes konstant sein soll, so ergibt sich im allgemeinen ein Verlauf[1]) entsprechend Abb. 50 [7, 8]. Die Belastung eines Kraftwerkes ist jedoch über längere Zeiträume gesehen nicht konstant. Aber auch dann behält dieses Diagramm mit geringen Einschränkungen für die Abhängigkeit der Gesamtkosten von der im betrachteten Abrechnungszeitraum erzeugten mittleren Arbeit (Ausbringung) bzw. den auf die installierte Leistung bezogenen Jahresbenutzungsstunden dieses Zeitabschnittes Gültigkeit.

Bei einer Benutzungsdauer J_x werden die leistungsabhängigen (fixen) Kosten durch die Strecke X — Y und die arbeitsabhängigen (variablen) Kosten durch die Strecke Y — Z dargestellt.

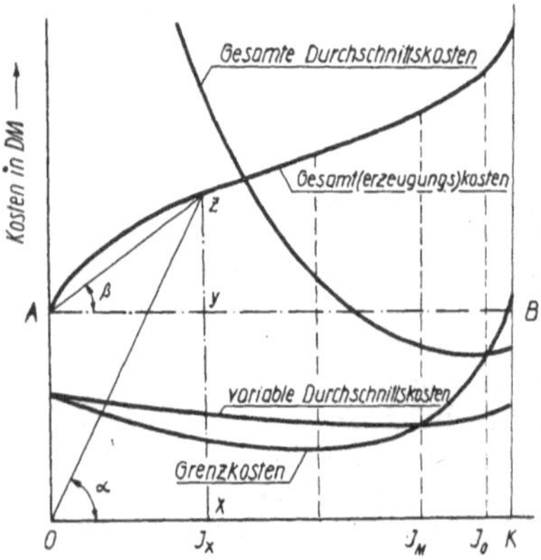

Abb. 50. Kostenverlauf in Abhängigkeit von den (auf die installierte Leistung bezogenen) Jahresbenutzungsstunden [7, 8]

Durch Division der Gesamtkosten X — Z durch die den Jahresbenutzungsstunden J_x entsprechende Jahresarbeit

1) In erster Annäherung kann eine lineare Abhängigkeit zwischen Kosten und erzeugter Arbeit angenommen werden.

($A_x = N_{inst} \cdot J_x$) ergeben sich die gesamten Durchschnittskosten bezogen auf kWh. Sie entsprechen also tg α und sind um so größer, je höher die fixen gegenüber den variablen Kosten sind. Bei einem angenommenen Gesamtkostenverlauf entsprechend Abb. 50 ergibt sich für die gesamten Durchschnittskosten ein Minimum bei der (optimalen) Benutzungsdauer J_0, weil tg α hier den kleinsten Wert annimmt. Bei den Kondensations-Kraftwerken liegt dieser optimale Punkt etwas unter der maximalen Kapazität K, die praktisch mit der installierten Leistung der Anlage übereinstimmt. Analog können die variablen (arbeitsabhängigen) Durchschnittskosten durch Bestimmung des Quotienten $\frac{YZ}{AY}$ ermittelt werden. Es ergibt sich hierfür ein Minimum bei den Jahresbenutzungsstunden J_M, bei der tg β ein Minimum erreicht.

Den Kostenzuwachs bei Änderung der Ausbringung bzw. der Benutzungsdauer um eine Einheit bezeichnet man vielfach als Grenzkosten. Sie können auch als Anstieg (1. Differentialquotient) der Gesamtkostenkurve oder der Kurve der variablen Kosten aufgefaßt werden.

Aus dieser Definition der Grenzkosten folgt, daß die minimalen gesamten und variablen Durchschnittskosten gleich den Grenzkosten bei den betreffenden Jahresarbeiten sein müssen, d.h. die Grenzkostenkurve schneidet die Kurven der gesamten und variablen Durchschnittskosten in deren Minimum. Hieraus lassen sich bezüglich Gewinnplan, Tarif- und Absatzpolitik der Elektrizitätsversorgungsunternehmen und der Industriekraftwerke, die Überschußenergie ins öffentliche Netz einspeisen, wichtige Schlüsse ziehen. Die Grenzkosten können in erster Annäherung bei den Elektrizitätsunternehmen gleich den variablen Durchschnittskosten gesetzt werden.

Wenn auch die Selbstkosten nicht die einzige Grundlage für die Preispolitik darstellen, so liefern sie doch die Preisuntergrenze.

2. Kosten bei Kondensationsanlagen

a) Kostengleichungen

Aus den bekannten jährlichen fixen Kosten in DM/Jahr ergeben sich die auf die abgegebenen kWh bezogenen fixen Kosten durch Division durch die Jahresarbeit A in kWh/Jahr.

$$\text{Fixe Stromkosten pro kWh} = \frac{\text{Jährliche fixe Kosten}}{\text{Jahresarbeit}}$$

Bei Einführung der spezifischen jährlichen fixen Kosten f in DM/Jahr, kW_{inst} erhält man:

$$\text{Fixe Stromkosten per kWh} = \frac{f \cdot N_{inst.}}{A} = \frac{f \cdot N_{inst.}}{N_{max.} \cdot J} = \frac{f \cdot r}{J}.$$

Hierbei bedeutet r : Reservefaktor der Anlage.

Die variablen Kosten können für überschlägige Rechnungen und durchschnittliche Verhältnisse ($J \geqq 4500$ h) proportional der geleisteten Arbeit angenommen werden. Bedeutet H_u der untere Heizwert der Kohle, p der Kohlepreis in DM/t, η_K der Kesselwirkungsgrad und

$$\frac{G_D}{B} = \frac{\eta_K \cdot H_u}{i_1 - i_K'} = \text{Verdampfungsziffer,}$$

$$D_{el} = \frac{860}{L_{ad} \cdot \eta_i \cdot \eta_{el} \cdot \eta_m} = \text{spez. Dampfverbrauch,}$$

so ergeben sich die Kohlekosten der Kilowattstunde in Pfg/kWh zu

$$\text{Kohlekosten Strom} = \frac{p \cdot D_{el}}{10 G_D/B} = \frac{860\, p\, (i_1 - i_K')}{10 \eta_K \cdot H_u \cdot L_{ad} \cdot \eta_i \cdot \eta_{el} \cdot \eta_m}.$$

Die Kohlekosten des Dampfes können aus der Beziehung

$$\text{Kohlekosten Dampf} = \frac{p}{G_D/B} = \frac{p\, (i_1 - i_K')}{\eta_K \cdot H_u}.$$

ermittelt werden.

Wird mit a der arbeitsabhängige (variable) Anteil der Sach- und Personalkosten bezeichnet, so erhält man für die gesamten Durchschnittskosten des Stromes

$$\text{Stromkosten} = \frac{f \cdot r}{J} + \frac{p \cdot D_{el}}{10 G_D/B} + a\,.$$

Der Kohlekostenanteil kann auch in Abhängigkeit vom Wärmeverbrauch dargestellt werden, und zwar ergibt sich mit

$$W = \frac{860}{\eta_w} = \frac{B \cdot H_u \cdot D_{el}}{G_D}$$

$$\frac{p \cdot D_{el}}{10\, G_D/B} = \frac{p \cdot W}{10\, H_u}\,.$$

Bei einer Vorausberechnung der Kosten läßt sich der Kohlekostenanteil der Stromkosten bestimmen, da die Daten der geplanten Anlage und die Kohlekosten bekannt sind und die Wirkungsgrade η_K, η_i, η_m und η_{el} geschätzt werden können. Zur Ermittlung des Kapitaldienstes, der Lohn- und Unterhaltungskosten usw. können die im folgenden Abschnitt zusammengestellten Richtwerte benutzt werden.

b) Anhaltswerte

Die gegenwärtig (1955) geltenden Kohlepreise für Großabnehmer ab Zeche sind in Tabelle 20 zusammengestellt.

Tabelle 20

Fettkohlen	60— 70 DM/t
Eßkohlen	55— 85 DM/t
Magerkohlen	60— 95 DM/t
Anthrazit	65—110 DM/t
Steinkohlenbriketts	∾ 70 DM/t

Abbildung 51 zeigt die auf die installierte Leistung bezogenen Anlagekosten von Kondensationsanlagen in Abhängigkeit von der Größe der Leistungseinheiten [12].

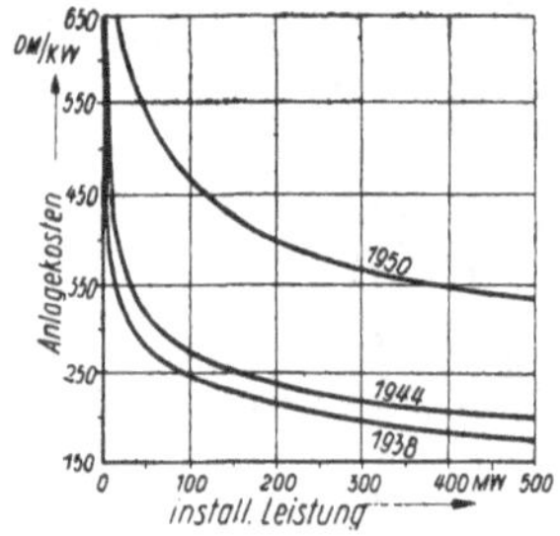

Abb. 51. Gestehungskosten von Kondensationskraftwerken in Abhängigkeit von der installierten Leistung im Jahre 1938, 1944 und 1950

Bei Gegendruckanlagen sind die Anlagekosten höher und steigen bis auf das Doppelte der Werte für reine Stromerzeugungsanlagen. Für Gasturbinenkraftanlagen kann je nach Ausführung und Größe mit 200 bis 1000 DM pro kW gerechnet werden.

In Prozent der Anlagekosten betragen die jährlichen fixen Aufwendungen beispielsweise für

Zinsen	4,5—6%
Abschreibungen	4 —5,5%
Steuern	1,5—2%
Versicherungen	0,5%
fixer Anteil der Löhne und Gehälter	1 —2%
Sachkosten	2 —3%
	13 —19%

Die Zinsen setzen sich zusammen aus den Zinsen für Eigen- und Fremdkapital; Körperschaftssteuern werden gelegentlich den Zinsen zugeordnet, so daß hier die Angaben leicht differieren. Steuern umfassen die Grundsteuer, Gewerbekapitalsteuer, ggf. Körperschaftssteuer, Gewerbeertragssteuer usw.

Zur Abschreibung ist noch zu bemerken, daß für die Kostenplanung nicht nach steuerlichen, sondern nach kalkulatorischen Grundsätzen abzuschreiben ist.

Als Richtwert für den arbeitsabhängigen Anteil der Personal- und Sachkosten kann (1955)

$$a = 0{,}25 \text{ bis } 0{,}35 \text{ Pfg/kWh}$$

angenommen werden.

Aus Tabelle 21 ist an Hand eines Beispiels die Aufteilung der durchschnittlichen Stromerzeugungskosten im Jahre 1953 auf die einzelnen Kostenarten ersichtlich. Die aufgeführten Werte gelten für Kondensationsanlagen und Wasserkraftwerke der öffentlichen Versorgungsunternehmen.

Tabelle 21 [4]

Gesamterzeugungskosten der öffentlichen Elektrizitätswerke gegliedert nach Kostenbereichen

	Wärme-Kraft-werke	Wasser-Kraftwerke einschl. Pump-speicherwerke		Verteilungs-kosten	
Personalkosten	10,9%	7,7%		18,4%	
Sachkosten	12,9%	13,6%		16,0%	
Kohlekosten	50,2%	—		—	
Abschreibungen	9,7%	21,8%	78,7	19,7%	59,2
Zinskosten	16,3%	56,9%		39,5%	
Konzessionsabgaben	—	—		6,4%	
	100 %	100 %		100 %	

Die absoluten Stromkosten für Wärmekraftwerke wurden bei den für obige Tabelle benutzten Quellen mit 4,04 $\frac{\text{Pfg}}{\text{kWh}}$ angegeben.

Abb. 52 zeigt die Verteilung der Erzeugungskosten pro abgegebene kWh auf die Hauptkostenarten in Abhängigkeit von der auf die Spitzenleistung $N_{max.}$ bezogenen Jahresbenutzungsdauer.

In Abb. 53 ist die Abhängigkeit des Wärmeverbrauchs von der Anfangstemperatur und der Kraftwerksleistung wiedergegeben. Wenn man auf eine genauere Rechnung verzichten will, können hieraus Anhaltswerte zum Abschätzen des Wärmeaufwandes entnommen werden.

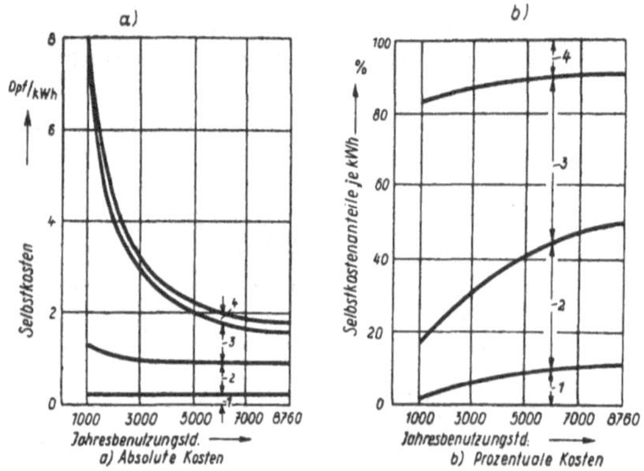

Abb. 52. Beispiel für den Verlauf der absoluten und relativen Kostenanteile in Abhängigkeit von der Jahresbenutzungsdauer (Braunkohlenkraftwerk).

1. Variable Bedienungs- und Unterhaltskosten
2. Brennstoffkosten
3. Kapitalkosten
4. fixe Bedienungs- und Unterhaltskosten

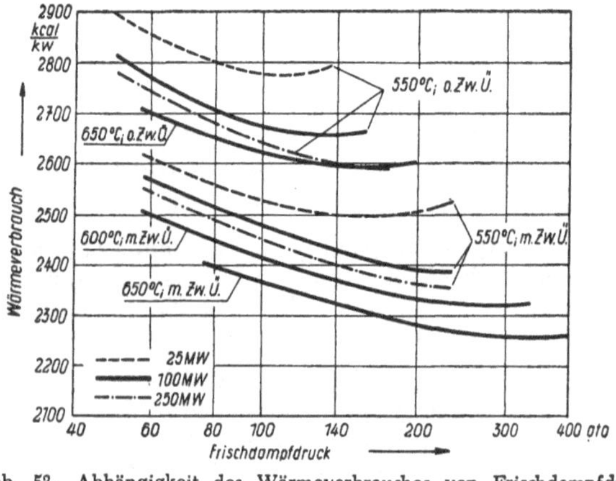

Abb. 53. Abhängigkeit des Wärmeverbrauches von Frischdampfdruck, Frischdampftemperatur und Turbineneinheitsleistung

Aus den aufgeführten Zahlenwerten ist zu ersehen, daß bei Kondensationsanlagen die Kohlekosten etwa 50% der Gesamtkosten entsprechen. Bei überschlägigen Rechnungen braucht daher lediglich der Kohleanteil der Stromkosten ermittelt zu werden, der bei Kondensationskraftwerken in der Größenordnung von 2 bis 3 Pfg/kWh liegt. Die Gesamtkosten ergeben sich dann durch einen Zuschlag von etwa 100 Prozent zu 4 bis 6 Pfg/kWh. Diese Werte gelten beispielsweise für Steinkohlenkondensationskraftwerke. Für Mittelprodukte und Braunkohlen können die Kosten u. U. erheblich niedriger liegen.

Bei kombinierten Anlagen ist der Kohlekostenanteil des Stromes entsprechend der gewählten Aufschlüsselung auf Heizdampf- und Stromabnehmer niedriger (vgl. S. 113). Vielfach wird das für die Aufteilung der Kohlekosten benutzte Verfahren auch auf die fixen Kosten angewandt.

c) Zahlenbeispiel

Gegeben sei ein Industriekondensationskraftwerk mit den Daten

$$p_1 = 32 \text{ atü}$$
$$t_1 = 400^\circ \text{C}$$
$$p_K = 0{,}06 \text{ ata}$$
$$N_{inst} = 8400 \text{ kW}$$
$$H_u = 7500 \text{ kcal/kg}$$
$$p = 40 \text{ DM/t Kohle.}$$

Gesucht sind die Kosten der Tonne Dampf und des Stromes für Normallast (80% der Höchstlast) und für 50% Belastung. Die auf Vollast bezogenen Werte werden durch den Index 1, die auf Halblast bezogenen durch den Index 2 gekennzeichnet. Bei Annahme eines Kesselwirkungsgrades bei Vollast von $\eta_{K_1} = 0{,}8$ ergibt sich für die Verdampfungsziffer

$$\left(\frac{G_D}{B}\right)_1 = \frac{\eta_{K_1} \cdot H_u}{i_1 - i_K} = \frac{0{,}8 \cdot 7500}{772-35{,}8} \; \frac{\text{kg}}{\text{kg}}$$

$$\left(\frac{G_D}{B}\right)_1 = 8{,}145 \; \frac{\text{kg}}{\text{kg}} \, .$$

Hiermit folgt für den Kohlenanteil der Dampfkosten

$$\text{Kohlekosten Dampf}_1 = \frac{p}{(G/B)_1} = \frac{40\,\text{DM/t}}{8{,}145\,\text{t/t}}$$

Kohlekosten Dampf$_1$ = 4,91 DM/t.

Zur Bestimmung des Dampfverbrauches müssen die Wirkungsgrade η_i, $\eta_m \cdot \eta_{el}$ geschätzt werden.

$$\eta_{i_1} = 0{,}8$$
$$\eta_{m_1} = 0{,}95$$
$$\eta_{el_1} = 0{,}95.$$

Damit ergibt sich der spez. Dampfverbrauch zu

$$D_{el_1} = \frac{860}{L_{ad} \cdot \eta_{i_1} \cdot \eta_{m_1} \cdot \eta_{el_1}} = \frac{860}{(772-507) \cdot 0{,}8 \cdot 0{,}95 \cdot 0{,}95} \frac{\text{kg}}{\text{kWh}}$$

D_{el_1} = 4,5 kg/kWh

$$\text{Kohlekosten Strom}_1 = \text{Kohlekosten Dampf}_1\ D_{el_1}$$
$$= \frac{4{,}91\ \text{DM}}{\text{t}} \cdot \frac{4{,}5\ \text{kg}}{\text{kWh}}$$

Kohlekosten Strom$_1$ = 2,21 Pfg/kWh

$$\text{Gesamtkosten Strom}_1 = 2{,}21 \frac{\text{Pfg}}{\text{kWh}} + 2{,}5 \frac{\text{Pfg}}{\text{kWh}}$$

Gesamtkosten Strom$_1$ ≅ 4,7 Pfg/kWh.

Die Wirkungsgrade bei Teillast werden angenommen zu

$$\eta_{K_2} = 0{,}77$$
$$\eta_{i_2} = 0{,}76$$
$$\eta_{m_2} = 0{,}945$$
$$\eta_{el_2} = 0{,}945.$$

Für das Verhältnis der Kohlekostenanteile bei den verschiedenen Belastungen gilt dann

$$\frac{\text{Kohlekosten Strom}_2}{\text{Kohlekosten Strom}_1} = \frac{\dfrac{p_2}{(G_D/B)_2} \cdot D_{el_2}}{\dfrac{p_1}{(G_D/B)_1} \cdot D_{el_1}}$$

$$\frac{\text{Kohlekosten Strom}_2}{\text{Kohlekosten Strom}_1} = \frac{p_2 \cdot \eta_{K_1} \cdot H_{u_1} \cdot \eta_{i_1} \cdot \eta_{m_1} \cdot \eta_{el_1}}{p_1 \cdot \eta_{K_2} \cdot H_{u_2} \cdot \eta_{i_2} \cdot \eta_{m_2} \cdot \eta_{el_2}}.$$

Aus dieser allgemein gültigen Beziehung läßt sich auch die Änderung der Kohlekosten des Stroms ermitteln, wenn die Kohlepreise sich ändern oder der Kessel mit einer anderen Kohle beschickt wird. Im vorliegenden Fall bleiben Kohlepreis und Heizwert natürlich gleich, und es ergibt sich

$$\text{Kohlekosten Strom}_2 = \text{Kohlekosten Strom}_1 \frac{\eta_{K_1} \cdot \eta_{i_1} \cdot \eta_{m_1} \cdot \eta_{el_1}}{\eta_{K_2} \cdot \eta_{i_2} \cdot \eta_{m_2} \cdot \eta_{el_2}}$$

$$= 2{,}21 \; \frac{0{,}8 \cdot 0{,}8 \cdot 0{,}95 \cdot 0{,}95}{0{,}77 \cdot 0{,}76 \cdot 0{,}945 \cdot 0{,}945} \; \frac{\text{Pfg.}}{\text{kWh}}$$

$$\text{Kohlekosten Strom}_2 = 2{,}44 \text{ Pfg/kWh}.$$

Die absoluten leistungsabhängigen Kosten bleiben unabhängig von der Belastung, dagegen ändern sich die auf die kWh bezogenen fixen Kosten bei Halblast. Wird der variable Teil der Personal- und Sachkosten vernachlässigt, so folgt hier für die gesamten Stromkosten

$$\text{Stromkosten}_2 = 2{,}44 \frac{\text{Pfg}}{\text{kWh}} + 2{,}5 \frac{\text{Pfg}}{\text{kWh}} \cdot \frac{N_{el_1}}{N_{el_2}}$$

$$\text{Stromkosten}_2 = 2{,}44 \frac{\text{Pfg}}{\text{kWh}} + \frac{2{,}5 \cdot 0{,}8 \cdot N_{inst.}}{0{,}5 \cdot N_{inst.}} \frac{\text{Pfg}}{\text{kWh}}$$

$$\text{Stromkosten}_2 = (2{,}44 + 4) \text{ Pfg/kW} = 6{,}44 \text{ Pfg/kWh}.$$

3. Kosten bei Kupplung von Kraft- und Wärmeerzeugung

Bei reinen Stromerzeugungsanlagen kann die Forderung, die Kosten nur dem Produkt zu belasten, das sie verursacht hat, leicht erfüllt werden, weil nur ein Erzeugnis (kWh) vorhanden ist. Schwieriger wird die Kostenrechnung bei mehrfacher Produktion, z. B. bei Erzeugung von Strom- und Heizdampf in Gegendruck- oder Entnahmeanlagen. Die nur eines der Produkte betreffenden Aufwendungen werden diesem auch zugeordnet, wie z. B. Turbinen-, Umspannungs- und Netzkosten dem Strom, Heiznetzkosten dem Heizdampf. Es bleibt dann noch zu klären, wie die Kosten der beiden Produkten gemeinsamen Anlage-, Sach- und Personalaufwendungen verteilt werden sollen.

Die Aufteilungsverfahren lassen sich nach verschiedenen Gesichtspunkten einteilen. In Betracht kommen:

a) die energetische Ausnutzung des Dampfes:
   α) Heizdampferzeugung primär,
   β) Stromerzeugung primär,
   γ) Mittelwert- und Verhältnisrechnungen [15, 16];

b) die Kosten bei getrennter Erzeugung [10, 17];

c) die Betrachtung der Grenzkosten [6].

a) Aufteilung der Kosten nach der energetischen Ausnutzung des Dampfes

Kostenrechnung bei primärer Heizdampferzeugung:

Bei den Verfahren a)α) und a)β) kommt der Vorteil der Heizkraftkupplung einseitig dem Strom oder dem Heizdampf zu. Das erstere ergibt sich, wenn man die gesamten Frischdampfkosten entsprechend dem Verhältnis der Wärmegefälle aufteilt. Betrachtet man eine Gegendruckanlage, so beträgt das zur Stromerzeugung ausgenutzte Wärmegefälle (s. z. B. Abb. 48)

$$AL_i = i_1 - i_2$$

und die für die Heizung verfügbare Wärme (Index H für Heizdampf)

$$q_H = i_2 - i'_H.$$

Hierbei ist angenommen, daß das Kondensat des Heizdampfes nicht unter Sättigungstemperatur abkühlt.

Die gesamte im Kessel zugeführte Wärmemenge entspricht

$$i_1 - i'_H.$$

Demnach ergibt sich nach a) α) folgender Schlüssel für die Kostenverteilung:

$$\text{Kohlekosten Heizdampf} = \text{Kohlekosten Frischdampf} \cdot \frac{i_2 - i'_H}{i_1 - i'_H}$$

$$\text{Kohlekosten Arbeitsdampf} = \text{Kohlekosten Frischdampf} \cdot \frac{i_1 - i_2}{i_1 - i'_H}.$$

Als Kohlekosten Heizdampf und Kohlekosten Arbeitsdampf werden die Kohlekostenanteile bezeichnet, mit denen Strom- und Heizdampfabnehmer zu belasten sind. Dieses Verfahren findet dort Anwendung, wo das wirtschaftliche Ziel des Unternehmens primär die Heizdampferzeugung ist. Vornehmlich ist das bei Gegendruckanlagen der Fall. Da hierbei der Dampf nur nach dem Wärmeinhalt bewertet wird, wird das Verfahren auch als kalorisches bezeichnet.

Zahlenbeispiel:

Eine Fabrik benötigt für die Produktion Heizdampf von 3 atü. Der Dampf wird vorher in einer Gegendruckturbine zur Stromerzeugung ausgenutzt, wobei der Frischdampfzustand 32 atü und 400° C beträgt. Es steht Steinkohle zu einem Preis von DM 40,—/t mit einem unteren Heizwert von 7500 kcal/kg zur Verfügung.

Die Wirkungsgrade werden geschätzt zu

$$\eta_K = 0{,}80$$
$$\eta_m = 0{,}95$$
$$\eta_{el} = 0{,}95$$
$$\eta_i = 0{,}80$$

Verdampfungsziffer

$$\frac{G_D}{B} = \frac{\eta_K \cdot H_u}{i_1 - i'_H} = \frac{0{,}80 \cdot 7500}{772 - 143{,}6} \frac{kg}{kg} = 9{,}55 \frac{kg}{kg}$$

$$\text{Kohlekosten Frischdampf} = \frac{\text{Kohlepreis}}{G_D/B} = \frac{40}{9{,}55} \frac{DM}{t} = 4{,}18 \frac{DM}{t}$$

Kohlekosten Arbeitsdampf =

$$\text{Kohlekosten Frischdampf} \cdot \frac{(i_1 - i_{2ad})\eta_i}{i_1 - i'_H}$$

$$\text{Kohlekosten Arbeitsdampf} = 4{,}75 \frac{(772 - 655)\,0{,}8}{772 - 143{,}6} \frac{DM}{t} = 0{,}623 \frac{DM}{t}$$

Kohlekosten Heizdampf = Kohlekosten Frischdampf — Kohlekosten Arbeitsdampf

Kohlekosten Heizdampf = 4,18 — 0,623 DM/t = 3,557 DM/t

Spez. Dampfverbrauch der Turbine

$$D_{el} = \frac{860}{L_{ad} \cdot \eta_i \cdot \eta_m \cdot \eta_{el}} = \frac{860}{117 \cdot 0{,}8 \cdot 0{,}95 \cdot 0{,}95} \frac{\text{kg}}{\text{kWh}}$$

$D_{el} = 10{,}17$ kg/kWh

Kohlekosten Strom = Kohlekosten Arbeitsdampf · D_{el}

$$\text{Kohlekosten Strom} = 0{,}623 \frac{100 \text{ Pfg}}{1000 \text{ kg}} \cdot \frac{10{,}17 \text{ kg}}{\text{kWh}} = 0{,}633 \frac{\text{Pfg}}{\text{kWh}}.$$

Die übrigen Kosten wie Kapitaldienst, Löhne, Unterhalt usw. können beispielsewise zu 2—2,5 Pfg/kWh angenommen werden, damit ergibt sich

Stromkosten = 0,633 + 2 ÷ 2,5 Pfg/kWh ≅ 3 Pfg/kWh.

Kostenrechnung bei primärer Stromerzeugung

Ist die Stromerzeugung Primärzweck der Anlage, so erfolgt z. B. die Kostenaufteilung folgendermaßen: man bestimmt die Stromkosten, die sich bei Kondensationsbetrieb ergeben würden und legt diese auch für den Fall von Gegendruck- oder Entnahmebetrieb zugrunde. Die Dampfkosten, mit denen der Stromabnehmer belastet wird, werden dann unter Berücksichtigung des Erlöses aus diesen Stromkosten und dem wirklichen spezifischen Dampfverbrauch bestimmt. Dieses Verfahren bewertet also den Dampf nach seiner Fähigkeit, Arbeit zu leisten, und wird daher auch thermodynamisches oder Arbeitswertverfahren genannt [3]. Es überläßt den Vorteil der Heizkraftkupplung dem Heizdampf und wird vornehmlich bei Entnahmeanlagen angewandt. Im folgenden Beispiel wird die Anwendung des Verfahrens für eine Entnahmeanlage gezeigt. Bei Gegendruckbetrieb gilt sinngemäß das gleiche.

Zahlenbeispiel:

Gegeben sei eine Entnahmeanlage mit den Daten:

Anfangsdruck	p_1	= 24 ata
Kondensatordruck	p_K	= 0,06 ata
Frischdampftemperatur	t_1	= 380° C
Elektrische Leistung	N_{el}	= 4100 kW
Heizdampfmenge	G_H	= 6 t/h

Heizdampfdruck $p_H = 3$ ata
Kohlepreis $p = 40$ DM/t
Heizwert $H_u = 7500$ kcal/kg

$\eta_i = 0{,}8$ (geschätzt)
$\eta_m = 0{,}96$ (geschätzt)
$\eta_{el} = 0{,}95$ (geschätzt)
$\eta_K = 0{,}8$ (geschätzt)

Die im Hoch- und Niederdruckteil arbeitenden Dampfgewichte (Indizes: HD = Hochdruck, ND = Niederdruck, D = Gesamtdampfmenge, H = Heizdampf) lassen sich aus den folgenden Beziehungen ermitteln (vgl. Abb. 54):

$$N_{el} = \left[G_{HD}(i_1 - i_2) + G_{ND}(i_2 - i_3)\right] \eta_m \cdot \eta_{el} \frac{1}{860}$$

$$G_{HD} = G_D = G_{ND} + G_H$$

$$G_{ND} = \left[\frac{N_{el}\,860}{\eta_m \cdot \eta_{el}} - G_H(i_1 - i_2)\right] \frac{1}{(i_1 - i_2) + (i_2 - i_3)}$$

$$G_{ND} = \left[\frac{4100\,\text{kW} \cdot 860\,\text{kcal}}{0{,}95 \cdot 0{,}96\quad\text{kWh}} - 6000\,\frac{\text{kg}}{\text{h}} \cdot 86\,\frac{\text{kcal}}{\text{kg}}\right] \frac{1}{(86+116)}\,\frac{\text{kg}}{\text{kcal}}$$

$$G_{ND} = 15{,}82\ \text{t/h}$$

$$G_D = 21{,}82\ \text{t/h}.$$

Zunächst werden die Kohlekosten des Stromes berechnet unter der Annahme, daß die Anlage nur auf Kondensation arbeitet. Die entsprechenden Werte werden durch den Index K gekennzeichnet.

$$\text{Kohlekosten Strom}_K = \frac{p}{10\,(G_D/B)_K} \cdot D_{el_K} =$$

$$= \frac{p\,(i_1 - i_K')\;860}{\eta_K \cdot H_u\,(i_1 - i_3) \cdot \eta_m \cdot \eta_{el}}$$

$$= \frac{40\,\text{DM/t}\ (765 - 35{,}8)\ \text{kcal/kg}\ 860\ \text{kcal/kWh}}{0{,}8 \cdot 7500\ \text{kcal/kg}\ (765 - 563)\ \frac{\text{kcal}}{\text{kg}} \cdot 0{,}95 \cdot 0{,}96\ 10\,\frac{\text{DM}}{\text{Pfg}} \cdot \frac{\text{kg}}{\text{t}}}$$

$$\text{Kohlekosten Strom}_K = 2{,}26\ \text{Pfg/kWh}.$$

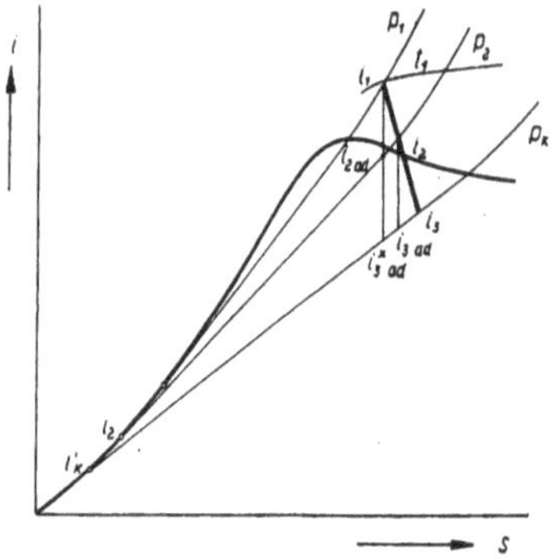

Abb. 54. Schematische Darstellung des Arbeitsprozesses einer Entnahme-Kondensationsturbine im i-s-Diagramm

Nun werden die Dampfkosten für Entnahmebetrieb bestimmt (Index E). Aus dem Kesselwirkungsgrad ergibt sich die Verdampfungsziffer

$$\eta_K = \frac{G_{ND}\,(i_1 - i_K') + G_H\,(i_1 - i_H')}{B \cdot H_u}$$

$$\eta_K = \left(\frac{G_D}{B}\right)_E \cdot \frac{\frac{G_{ND}}{G_D}(i_1 - i_K') + \frac{G_H}{G_D}(i_1 - i_H')}{H_u}$$

$$\left(\frac{G_D}{B}\right)_E = \frac{\eta_K \cdot H_u}{\frac{G_{ND}}{G_D}(i_1 - i_K') + \frac{G_H}{G_D}(i_1 - i_H')}$$

$$\left(\frac{G_D}{B}\right)_E = \frac{0{,}8 \cdot 7500\ \text{kcal/kg}}{\frac{15{,}82}{21{,}82}(765 - 35{,}8)\,\frac{\text{kcal}}{\text{kg}} + \frac{6}{21{,}82}\,(765 - 133)\,\frac{\text{kcal}}{\text{kg}}}$$

$$\left(\frac{G_D}{B}\right)_E = 8{,}55\ \frac{\text{kg}}{\text{kg}}$$

$$\text{Kohlekosten Frischdampf}_E = \frac{p}{(G_D/B)_E} = \frac{40}{8{,}55}\,\frac{\text{DM}}{\text{t}}$$

$$= 4{,}86\ \text{DM/t}.$$

Die Kohlekosten der kWh wurden bei Kondensationsanlagen nach der Gleichung
Kohlekosten Strom = Kohlekosten Frischdampf · spez. Dampfverbrauch ermittelt.

Dieselbe Beziehung läßt sich auch für die Kostenermittlung bei kombinierten Anlagen verwenden, wobei dann an Stelle der Kohlekosten Frischdampf der Kohlekostenanteil an den Frischdampfkosten, mit denen der Stromverbraucher belastet wird (Kohlekosten Arbeitsdampf) einzusetzen ist. Da der spezifische Dampfverbrauch D_{el} durch die Daten der Anlage festliegt und die Kohlekosten des Stromes vorgegeben werden (sie sollen bei Entnahmebetrieb gleich den für Kondensationsbetrieb berechneten Stromkosten sein), erhält man die Kohlekosten des Arbeitsdampfes, die der Stromabnehmer zu tragen hat, aus der Beziehung:

$$\text{Kohlekosten Arbeitsdampf}_E = \frac{\text{Kohlekosten Strom}_K}{D_{el_E}}$$

$$D_{el_E} = \frac{G_D}{N_{el}} = \frac{21{,}82 \cdot 10^3\,\text{kg}}{4100\,\text{kWh}} = 5{,}33\,\frac{\text{kg}}{\text{kWh}}$$

$$\text{Kohlekosten Arbeitsdampf}_E = \frac{2{,}26\,\text{Pfg}}{5{,}33\,\text{kg}} = 4{,}24\,\frac{\text{DM}}{\text{t}}$$

Die Kosten des Heizdampfes ergeben sich dann zu

$$\text{Kohlekosten Heizdampf}_E = (\text{Kohlekosten Frischdampf}_E - \text{Kohlekosten Arbeitsdampf}_E) \cdot \frac{G_D}{G_H}$$

$$= (4{,}86 - 4{,}24) \cdot \frac{21{,}82}{6}\,\text{DM/t} = 2{,}25\,\text{DM/t}$$

Nur wenig abweichende Werte ergeben sich, wenn die Kohlekosten des Frischdampfes K entsprechend dem Verhältnis des im Entnahme- (oder Gegendruckbetrieb) zu dem bei Kondensationsbetrieb ausnutzbaren Wärmegefälles aufgeteilt werden. Für die auf den Arbeitsdampf entfallenden Kohlekosten K_s (Index s : für Stromerzeugung) ergibt sich dann bei

$$\text{Entnahmeanlagen } K_s = K\,\frac{(i_1 - i_2) + \left(1 - \frac{G_H}{G_D}\right)(i_2 - i_3)}{i_1 - i_3}$$

$$\text{Gegendruckanlage } K_s = K\,\frac{i_1 - i_2}{i_1 - i_3}.$$

Mittelwert- und Verhältnisrechnung

Da es vielfach als nicht richtig angesehen wird, den Vorteil der Wärmekraftkupplung entweder dem Heizdampf oder dem Strom zukommen zu lassen, wird bei den Mittelwert- und Verhältnisrechnungen zwischen den Methoden „Heizdampferzeugung primär“ und „Stromerzeugung primär“ gemittelt. Die Mittelwertbildung erfolgt hierbei entweder arithmetisch oder nach anderen Gesichtspunkten.

b) Aufteilung entsprechend getrennter Erzeugung

Ein anderes Berechnungsverfahren nach Schulz [9] geht von den Kosten bei getrennter Erzeugung des Stromes und Heizdampfes aus. Bezeichnet man mit K' die stündlichen Kohlekosten für ein dem Heizkraftwerk gleichwertiges Kondensationskraftwerk (gleicher Anfangszustand, gleiche Wirkungsgrade) und mit K'' die stündlichen Kohlekosten für ein technisch gleichwertiges reines Heizwerk, so würden sich bei getrennter Erzeugung von Strom und Dampf an Kohlekosten ergeben

$$K = K' + K''.$$

Aus der Betriebsstatistik oder aus der Berechnung des Heizkraftwerkes sind aber die wirklichen stündlichen Kohlekosten K''' bekannt. Die gegenüber getrennter Erzeugung aufgetretene Ersparnis beträgt dann

$$K^* = K' + K'' - K'''$$

Diese Ersparnis wird gleichmäßig auf Strom und Heizdampf verteilt. Es entfällt daher an Kohlekosten auf den

$$\text{Heizdampf:}\quad K_1 = K'' - \frac{K^*}{2}$$

$$\text{Strom:}\quad K_2 = K' - \frac{K^*}{2}$$

Eine ähnliche Methode wurde von Schultes vorgeschlagen [17].

c) Aufteilung nach den Grenzkosten

Bei den Berechnungsverfahren, die von der energetischen Ausnutzung des Dampfes ausgehen, haben die ermittelten Kostenwerte stets fiktiven Charakter. Voraussetzung der Rechnung ist hierbei eine Aussage darüber, ob die Strom- oder die Heizdampferzeugung das Primäre ist, d. h. es wird eine Wertung der Koppelprodukte in Haupt- und Nebenprodukt durchgeführt derart, daß beide Produkte, Strom- und Heizdampf, mit einem für tragbar erachteten Anteil belastet werden. Zur Erfüllung der Aufgaben der Selbstkostenrechnung, die Betriebsführung und Wirtschaftlichkeit des Betriebes zu überwachen, ist an sich auch die Wahl des Aufteilungsverfahrens der Kosten weniger wichtig und lediglich eine Frage der Zweckmäßigkeit. Ein einmal gewähltes Verfahren muß natürlich beibehalten werden, damit die Vergleichbarkeit gewährleistet ist. Als Grundlage der Preis- und Absatzpolitik sind fiktive Kosten jedoch weniger brauchbar, weil sie dem Prinzip der Verursachung, d. h. die die Kosten verursachenden Produkte auch richtig zu belasten, nicht gerecht werden. Daher gehen andere Überlegungen nach der volkswirtschaftlichen Theorie der verbundenen Produktion — bei Stackelberg [7] vom Grenzkostenprinzip — aus. Jeder Produktart können ihre Grenzkosten zugeordnet werden. Analog der auf Seite (79) angegebenen Definition der Grenzkosten bei einfacher Produktion versteht man unter Grenzkosten eines in verbundener Produktion erzeugten Produktes den Differentialquotienten (Differenzenquotienten) der Gesamtkosten bei Vergrößerung der Ausbringung dieses einen Produktes um eine Einheit bei gleichbleibender Ausbringung der übrigen Produkte.

Dieses Verfahren wird im einzelnen ziemlich umständlich sein. Es liefert Kostenwerte für Wirtschaftlichkeitsbetrachtungen im Zusammenhang mit Entwicklungs- und Absatzfragen im Gegensatz zu den oben beschriebenen Aufteilungsschlüsseln.

Für Heizkraftanlagen ergeben sich so beispielsweise bei einem Kohlepreis von etwa 70,— DM/t und ungefähr 7300 Benutzungsstunden [z. B. 5000 kW] tatsächliche Stromkosten von 1,8 bis 2,5 Dpf/kWh einschließlich sämtlicher Unkosten [11].

V. Beispiele der Energiewirtschaft verschiedener Industriezweige

1. Ausschließliche Stromerzeugung

Eine Kondensationsanlage mit Zwischenüberhitzung und dreifacher Speisewasservorwärmung mittels Anzapfdampf wurde bereits in Abschnitt III als vereinfachtes Berechnungsbeispiel beschrieben (weitere Beispiele s. [1]). In Abb. 55 ist das Wärmeflußbild eines Kondensationskraftwerkes mit 200 MW elektr. Leistung wiedergegeben. Die dem Kessel und der Turbine entnommenen Wärmemengen zur Luft- und Speisewasservorwärmung bedeuten keine Verluste, sondern werden durch die Luft bzw. das Speisewasser dem Kessel wieder zugeführt.

Zu den einzelnen Verlusten der Kesselanlage ist folgendes zu bemerken: der Verlust durch Unverbranntes wie brennbare Rückstände etc. ist bei neuzeitlichen Feuerungen meist sehr niedrig und liegt bei 1%. Der Abgasverlust von 17% ist ein üblicher Wert. Er kann bei neueren Anlagen auf 10% gesenkt werden, bei älteren beträgt er 20 bis 30%. Die Verluste durch Strahlung und Leitung sind sehr gering. Im allgemeinen rechnet man mit 1%, bei älteren Kesseln bis zu 5%.

Die Abb. 56 bis 59 zeigen Beispiele von Kesselausführungen. In Abb. 56 ist ein Eintrommelkessel mit Dürr-Zonenwanderrost dargestellt, in Abb. 57 ein VKW-Staubkessel mit Eckenbrennern, in Abb. 58 ein Steinmüller-Schmelztrichterkessel (flüssiger Schlackenabzug) und in Abb. 59 ein amerikanischer Zyklonkessel.

In Abb. 60 ist ein Schnitt durch den 150-MW-Block eines Kraftwerkes dargestellt.

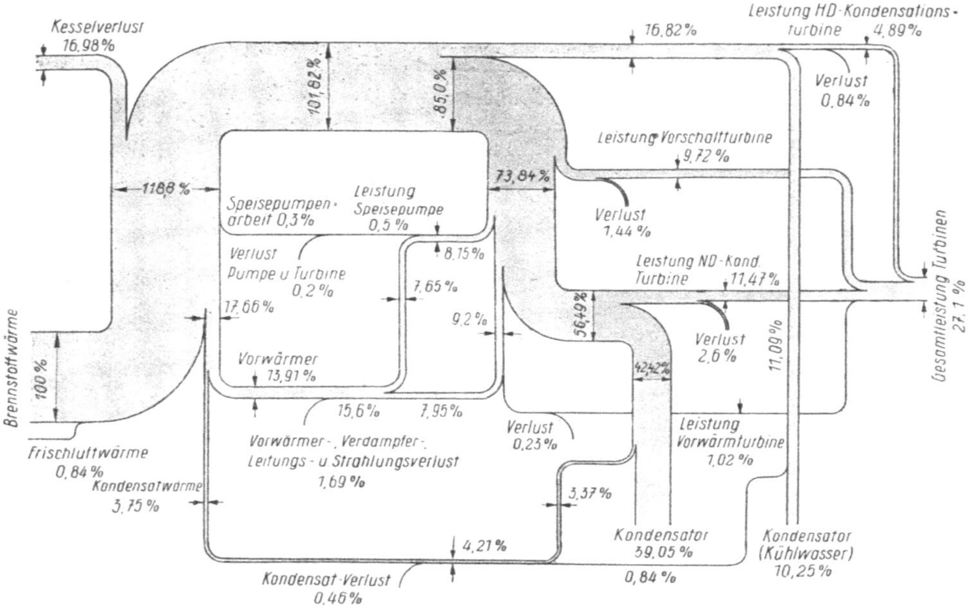

Abb. 55. Sankey-Diagramm eines Kondensationskraftwerkes (Vorschaltanlage) Hochdrucknetz: 100 ata, 520° C, Mitteldrucknetz: 14 ata, 285° C, Niederdrucknetz: 3,8 ata, 180° C, Kondensatordruck: 0,07 ata, Dampfleistung 6 × 160 t/h, Elektrische Leistung: etwa 200 MW

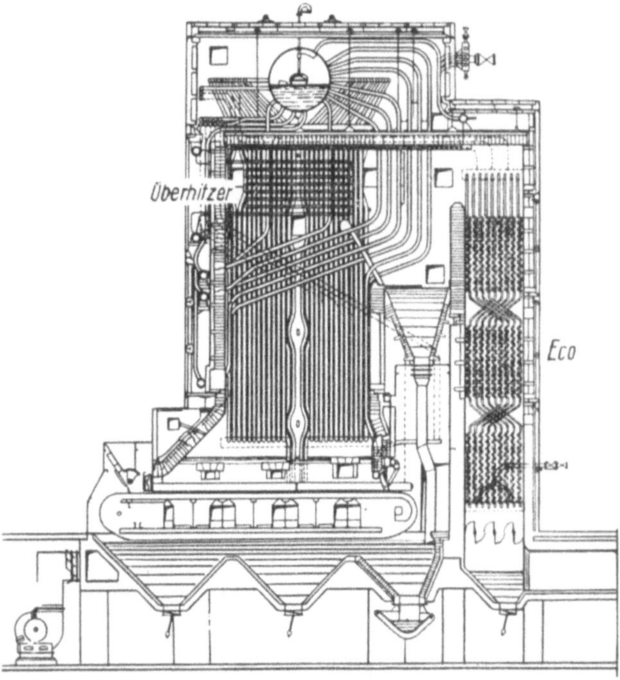

Abb. 56. Dürr-Eintrommelkessel mit Zonenwanderrost
32 atü, 400° C, 16/20 t/h

Ein Beispiel für das Schaltschema einer Kondensationsanlage zeigt Abb. 61. Das Kraftwerk besteht aus zwei Einheiten mit je einem 400-t/h-Naturumlaufkessel und 100-MW-Turbosatz. Da bei geringer Belastung der Entgaserdampf über ein Reduzierventil der 17,8-ata-Anzapfleitung entnommen wird, muß das Vorwärmdampfkondensat des vierten Vorwärmers durch eine Pumpe in den

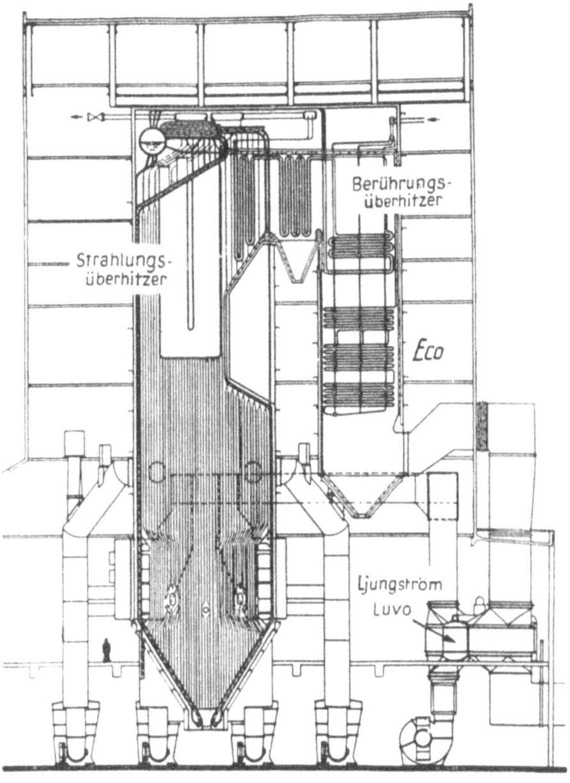

Abb. 57. VKW-Steilrohrkessel mit Braunkohlenstaubfeuerung 136 atü, 530° C, 400 t/h (Goldenbergwerk, Knapsack)

Warmwasserbehälter gedrückt werden. Die Dampfstrahlgebläse sind an eine bereits vorhandene Mitteldruckanlage angeschlossen.

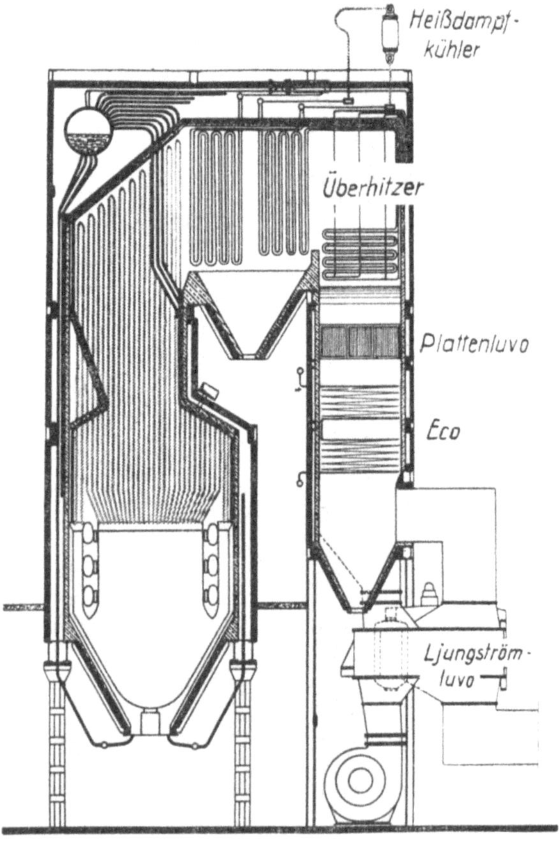

Abb. 58. Steinmüller-Strahlungskessel, (Schmelztrichterkessel) mit Steinkohlenstaubfeuerung. 86 atü, 530° C, 125 t/h

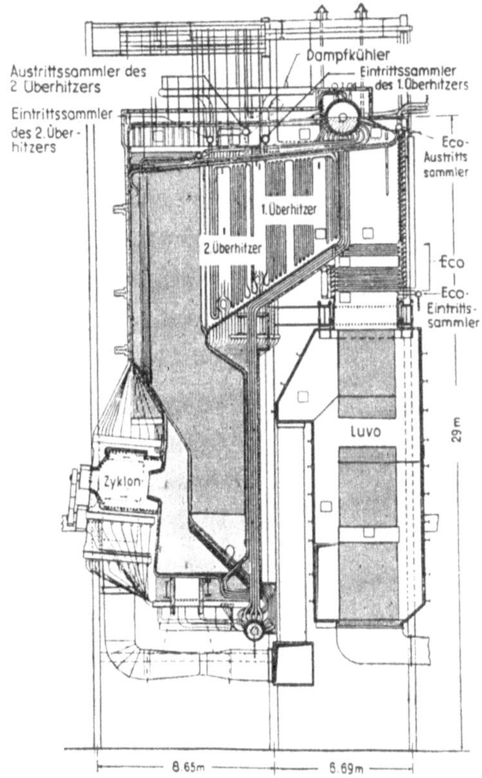

Abb. 59. Kessel mit Zyklonfeuerung. 140 atü, 565° C, 328 t/h (Kraftwerk, Ridgeland, USA)

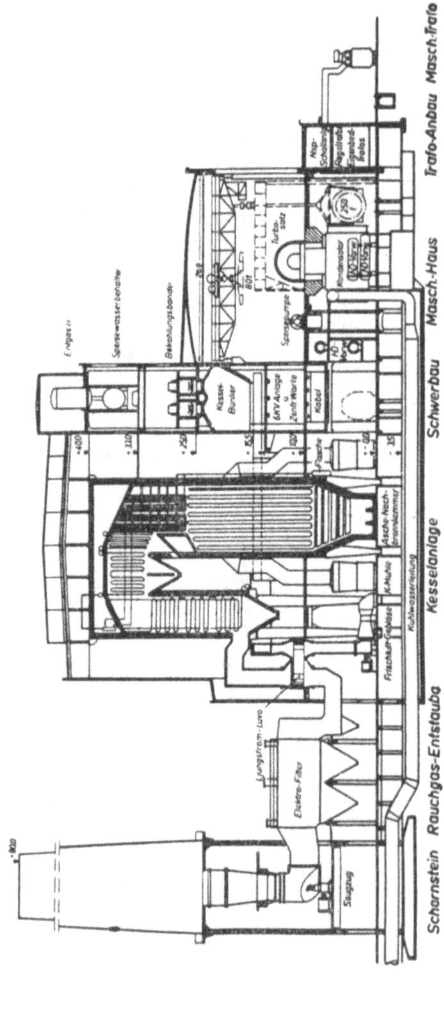

Abb. 60. Querschnitt eines Kondensationskraftwerkes (150-MW-Block des Kraftwerkes Weisweiler, nach Kretschmann)

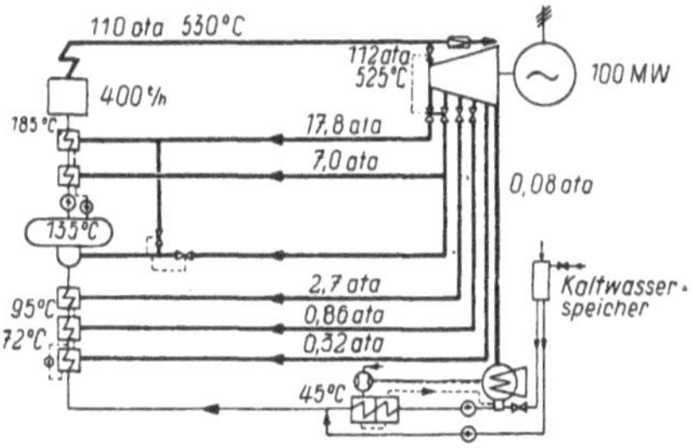

Abb. 61. Schaltschema eines Kondensationskraftwerkes (RWE, Goldenbergwerk) [nach Kretschmann]

2. Ausschließliche Wärmeerzeugung

Für viele industrielle Produktionszwecke oder auch lediglich zu Heizzwecken tritt reiner Wärmebedarf auf.

Als Beispiel sei ein Kessel beschrieben, der nur zur Beheizung von Räumen verwendet wird. Das Wasser wird bei einem Druck von 3 atü von 80 auf 110 ° C erwärmt. Die Jahresbelastung solcher Anlagen liegt sehr niedrig, etwa zwischen 0,1 und 0,2. Lediglich auf die Heizungsperiode bezogen, liegt die Belastung meist niedriger als 0,3. Kessel für diese Zwecke arbeiten fast nur im Bereich geringer Teillast. Dementsprechend muß auch das Optimum des Kesselwirkungsgrades bei niedriger Last liegen. Nach Versuchen an einem derartigen Kessel wurden für den Kesselwirkungsgrad folgende Werte gefunden:

$^1/_8$ Last	88,5
$^1/_4$ Last	92,2
$^1/_2$ Last	91,9
Regellast: (80%)	90,1
Nennlast:	88,3.

Zur Erzielung dieser Wirkungsgrade wurde ein Unterwind-Zonenwanderrost benutzt. Weiterhin ist eine Entstaubungsanlage vorgesehen, da mit der Verwendung in Wohnsiedlungen gerechnet werden muß.

3. Stromintensiver Energiebedarf

a) Brikettfabrik

In Braunkohlenkraftwerken, die mit Brikettieranlagen gekoppelt sind, werden erhebliche Dampfmengen für die Trocknung der Rohkohle verwandt, da diese im allgemeinen 50 bis 60% Wasser enthält und der Wassergehalt für die Brikettierung auf etwa 12 bis 15% gesenkt werden muß.

Das zu verdampfende Wasser ergibt sich wie folgt: es bedeutet

w_r = Wassergehalt der Rohkohle als Verhältniszahl
w_{tr} = Wassergehalt der getrockneten Kohle als Verhältniszahl
G_r = Gewicht der Rohkohle
G_{tr} = Gewicht der getrockneten Kohle
G_{wf} = Gewicht der wasserfreien Kohle
G_{wr} = Gewicht des Wassers in der Rohkohle
G_{wtr} = Gewicht des Wassers in der getrockneten Kohle
G_w = Gewicht des zu verdampfenden Wassers.

Damit wird: $G_{wr} = w_r \cdot G_r = w_r \cdot (G_{wf} + G_{wr})$

$$\frac{G_{wtr}}{G_{wtr} + G_{wf}} = w_{tr}$$

$$G_{wtr} = \frac{w_{tr}}{1 - w_{tr}} \cdot G_{wf}$$

$$G_{wf} = (1 - w_r) \cdot G_r$$

$$G_{wtr} = \frac{w_{tr}}{1 - w_{tr}} \cdot (1 - w_r) \cdot G_r$$

Hieraus folgt für das zu verdampfende Wassergewicht

$$G_w = G_{wr} - G_{wtr}$$

$$G_w = \frac{w_r - w_{tr}}{1 - w_{tr}} \cdot G_r.$$

Bezogen auf das Gewicht der getrockneten Kohle lautet die Beziehung für das zu verdampfende Wasser

$$G_w = \frac{w_r - w_{tr}}{1 - w_r} G_{tr}.$$

Beispiel: Für die Brikettherstellung muß bei einem Wassergehalt der Rohkohle von 60% und einem Wassergehalt der Briketts von 15% je t Brikett eine Wassermenge von 1,125 t verdampft werden, wozu ein Wärmebedarf von theoretisch etwa $7 \cdot 10^5$ kcal erforderlich ist.

Normalerweise beträgt der Heizdampfdruck zur Trocknung etwa 3,5 ata. Auf 1 t Brikett entfällt ein Gesamtdampfverbrauch von rund 1400 kg.

Der Kraftverbrauch für die Pressen liegt zwischen 13 und 15 kWh/t Brikett.

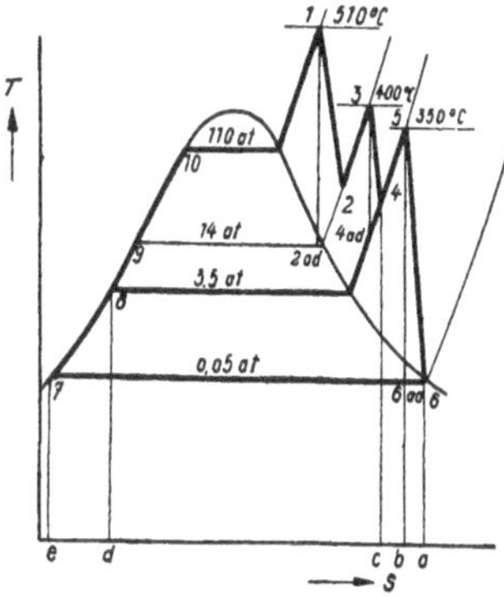

Abb. 62. Schematische Darstellung des Kraftwerkprozesses einer Brikettfabrik im T-s-Diagramm

Das T-s-Diagramm einer solchen Anlage zeigt Abb. 62. Es handelt sich hierbei um ein Kraftwerk, das ursprünglich mit einem Frischdampfdruck von 14 ata und einer Heißdampftemperatur von 400° C arbeitete. Später wurde das Werk zur Verbesserung der Wirtschaftlichkeit durch eine Vorschaltanlage (Druck 110 ata, Temperatur 510°) erweitert und die alten Kessel z. T. stillgesetzt. Nach Austritt aus der Vorschaltturbine wird der Dampf wieder auf 400° C zwischenüberhitzt. Auch der Teil des Dampfes, der in den Niederdruckturbinen auf Kondensatordruck arbeitet, wird nach Austritt aus der Mitteldruckstufe auf 350° C zwischenüberhitzt. Der Heizdampf, der nach Expansion auf 3,5 ata entnommen wird, wird mit einer Temperatur von 250° C (Punkt 4 in Abb. 62) in die Trockner geleitet. Die adiabatische Arbeit der Vorschaltanlage läßt sich im T-s-Diagramm durch die Fläche $1 — 2_{ad} — 9 — 10$ darstellen. Die adiabatische Turbinenarbeit der Mitteldruckstufe entspricht der Fläche $3 — 4_{ad} — 8 — 9$ und die der Niederdruckstufe der Fläche $5 — 6_{ad} — 7 — 8$. Im Kondensator wird durch das Kühlwasser die Wärmemenge

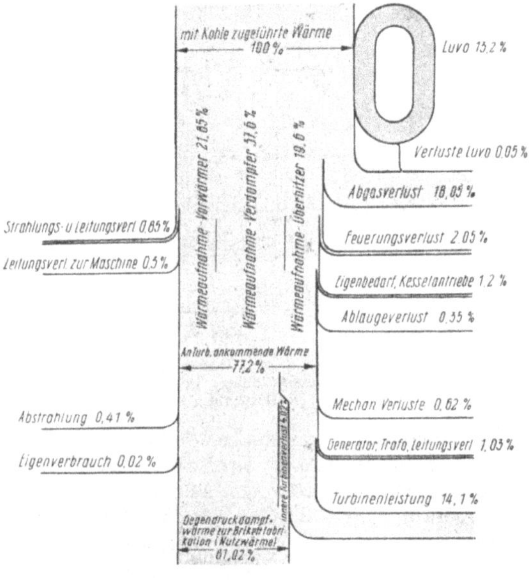

Abb. 63. Sankey-Diagramm einer Brikettfabrik

Dampfzustand hinter Kessel	100 atü, 500°
Dampfzustand Eintritt Turbine	85 atü, 485°
Gegendruck hinter Turbine	4 atü, 160°
Dampfleistung	4 × 120 t/h

entsprechend Fläche 6 — a — e — 7 abgeführt. Die vom Heizdampf abgegebene Wärme wird, sofern man von einer Abkühlung des Kondensats absieht, durch die Fläche 4 — c — d — 8 wiedergegeben. Abb. 63 zeigt das Sankey-Diagramm einer Brikettfabrik (Gegendruckanlage).

b) Papierfabrik

Im folgenden Beispiel sind einige Betriebsergebnisse einer Industrieuntersuchung mitgeteilt, die allerdings keine allgemeinen Durchschnittswerte wiedergeben. Hierbei handelt es sich um eine Papierfabrik, in der von anderen Firmen bezogener Zellstoff zu Spezialpapieren verarbeitet wird. Der angelieferte Zellstoff wird zunächst gebleicht, vermahlen, mit Farbe, Leim etc. gemischt und dann in den dampfbeheizten Papiermaschinen fertig verarbeitet. Die bei der Trocknung entstehenden Brüden werden in einen Wärmetauscher geleitet und geben dort ihre Wärme an die Trockenluft ab, die zur Heizung bzw. zur Belüftung der im allgemeinen sehr feuchten Maschinenräume dient.

Die Fabrik beschäftigt etwa 500 Mann und arbeitet in drei Schichten. Der erforderliche Strom- und Heizdampfbedarf wird durch ein eigenes Kraftwerk (Entnahmeanlage) gedeckt:

Daten:			
	Anfangsdruck	p_1	$= 16$ ata
	Frischdampftemperatur	t_1	$= 325°$ C
	Dampfleistung	G_D	$= 30$ t/Std.
	Install. Leistung	$N_{inst.}$	$= 9500$ kW

Der Gesamtwirkungsgrad wurde am Versuchstage zu $\eta_W = 52{,}5\%$ gemessen.

Die Kennzahlen ergaben für das Jahresmittel bei 108 Arbeitstagen folgende Werte:

Energiekennzahl a	4,77 $\frac{\text{kg Heizdampf/Std.}}{\text{kW}}$
Tagesbelastungsfaktor	0,853
Mittlere Tagesleistung	3880 kW
Tagesbenutzungsstunden	20,5 h
Tagesausnutzungsfaktor	0,436.

Ihre Umrechnung auf ein Kalenderjahr (365 d) liefert die Werte:

Jahresbelastungsfaktor	0,653
Mittlere Jahresleistung	3280 kW
Jahresbenutzungsstunden	5720 h
Jahresausnutzungsfaktor	0,368.

Als durchschnittlicher Jahresverbrauch ergab sich für

Strom	1,12 kWh/kg Papier
Dampf bei 2,4 atü	4,8 kg Dampf/kg Papier.

Im allgemeinen rechnet man je kg Papier mit einem Dampfbedarf von 3 bis 5 kg bei 3 atü. Die Werte für den Strombedarf hängen stark von der Papiersorte ab und liegen etwa zwischen 0,3 und 2,2 kWh/kg Papier.

c) Maschinenfabrik

In einem weiteren Beispiel wurde ein Betrieb der metallverarbeitenden Industrie mit einer Belegschaft von etwa 3000 Mann untersucht.

Der Anschlußwert der Stromverbraucher (installierte Leistung) beträgt bei dieser Fabrik 7200 kW. Da nicht alle Verbraucher gleichzeitig Strom abnehmen, liegt der wirkliche mittlere Strombedarf niedriger. Er beläuft sich im Winter auf durchschnittlich 380 000 kWh pro Monat, im Sommer auf 340 000 kWh pro Monat und wird teils durch Eigenerzeugung, teils durch Fremdbezug gedeckt. Dampf wird außer für Raumheizung noch für Schmiedehämmer benötigt. Als mittlerer Verbrauch gilt für den Winter 2960 t pro Monat und für den Sommer 570 t pro Monat, so daß man als Kennzahl erhält:

$$a = 7{,}80 \text{ kg/kWh} \quad \text{im Winter}$$
$$a = 1{,}68 \text{ kg/kWh} \quad \text{im Sommer.}$$

Daher wurde eine Entnahmekondensationsturbine aufgestellt, deren Leistung 1000 kW beträgt. Außerdem ist noch eine Dampfmaschine vorhanden, die einen 150-kW-Gleichstromgenerator und einen 100-kW-Drehstromgenerator antreibt.

Der durchschnittliche Gasverbrauch wurde zu 4000 Nm^3/Tag gemessen. Er verteilt sich wie folgt:

1. Gießerei:	Tagsüber 75 Nm^3/h, Nachts 8 Nm^3/h	(Spitzenlast 120 Nm^3/h)
2. Blechbau:	16 Nm^3/h,	(Spitzenlast 30 Nm^3/h)
3. Preßwerk:	16 Nm^3/h,	(Spitzenlast 30 Nm^3/h)
4. Schmiede:	16 Nm^3/h,	(Spitzenlast 30 Nm^3/h)
5. Sonst. Verbraucher:	64 Nm^3/h,	(Spitzenlast 200 Nm^3/h)

Für die Preßluft stehen drei Druckstufen zur Verfügung:

1. 8 atü	für Gießerei
2. 2,5 atü	für Putzerei
3. 6 atü	für Werkstätten,

als durchschnittlicher Verbrauch ergibt sich für:

1. Gießerei:	700 m^3/h
2. Putzerei:	480 m^3/h
3. Werkstätten:	100 m^3/h.

Der monatliche Gebrauchswasserbedarf liegt in der Größenordnung von 13 000 m^3, an Trinkwasser werden etwa 3000 m^3 im Monat verbraucht.

Der wirtschaftliche Wirkungsgrad wurde unter Berücksichtigung der an die Heizung und Dampfhämmer abgegebenen Wärme im Mittel zu

$$\eta_w = 63{,}4\%$$

errechnet. Für den Tages- und Jahresbelastungsfaktor ergaben sich folgende Werte:

Tagesbelastungsfaktor im Sommer:	0,21
Tagesbelastungsfaktor im Winter:	0,69
Jahresbelastungsfaktor:	0,19.

Als durchschnittlicher Energieverbrauch je Fertigungsstunde wurde ermittelt für:

Dampf:	0,02 t/h
Eigenstrom:	1,1 kWh/h
Fremdstrom:	1,8 kWh/h
Gas:	1,0 Nm^3/h
Preßluft, 8 atü:	2,1 Nm^3/h
Preßluft, 2,5 atü:	1,7 Nm^3/h
Preßluft, 6 atü:	2,2 Nm^3/h
Trinkwasser:	0,03 m^3/h
Gebrauchswasser:	0,11 m^3/h.

Bezogen auf den Ausstoß des Werkes beträgt der Verbrauch an:

Strom:	220 kWh/t
Gas:	80 Nm^3/t
Preßluft, 8 atü:	160 Nm^3/t
Preßluft, 2,5 atü:	140 Nm^3/t
Preßluft, 6 atü:	170 Nm^3/t
Gebrauchswasser:	8 m^3/to.

d) Chemische Fabrik

Im folgenden Beispiel soll an Hand der Belastungsdiagramme eines Industriekraftwerkes der chemischen Großindustrie und des öffentlichen Netzes gezeigt werden, inwieweit sich durch zweckmäßige Aufteilung der Belastung der energieintensiven Produktionsbetriebe ein wirtschaftlicher Verbundbetrieb erreichen läßt. Bei dem betrachteten Industriekraftwerk handelt es sich um ein Heizdampf- und Kondensationskraftwerk mit einer Gesamtdampfleistung von 825 t/h bei 110 at und 510° C und einer installierten Leistung von 204 MW. Der Hauptverbrauch des chemischen Betriebes entfällt auf die Lichtbogenöfen der Fabrik. In Zeiten geringer Belastung bezieht das chemische Werk Strom vom öffentlichen Netz und fährt die Öfen mit möglichst hoher Leistung. Zur Zeit der Spitzenbelastung des öffentlichen Netzes werden die Öfen zum Teil außer Betrieb genommen, und das Industriekraftwerk liefert zur Spitzendeckung Strom an das öffentliche Netz. Da die im Überschuß erzeugten Zwischenprodukte der Lichtbogenöfen speicherfähig sind, wird der weitere Produktionsablauf nicht gestört.

Abb. 64 zeigt den Belastungsverlauf des Industriekraftwerkes und Abb. 65 die Belastung des mit dem Industriekraftwerk in Verbundbetrieb arbeitenden öffentlichen Versorgungsunternehmens. Die jeweilige Stromerzeugung, Stromlieferung und der Strombezug sind hieraus zu ersehen.

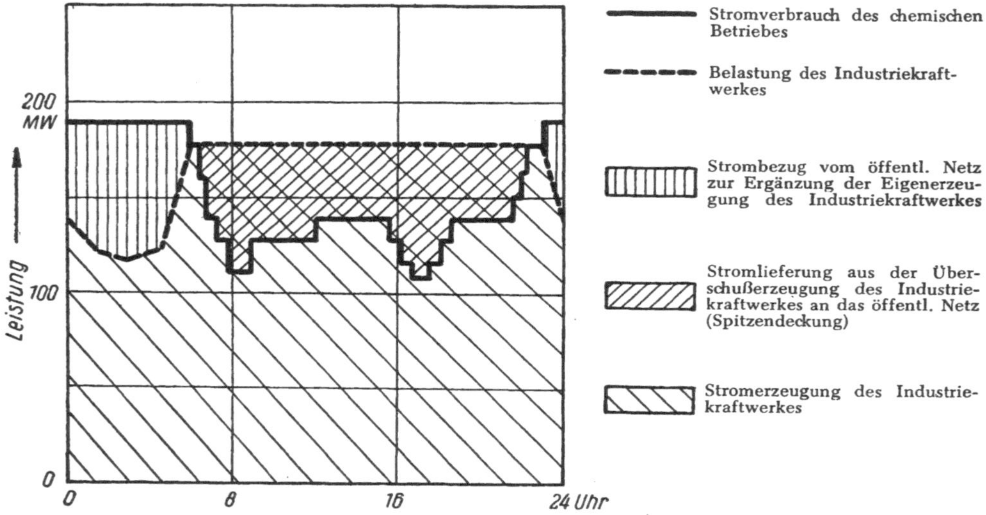

Abb. 64. Kraftwerksbelastung und Stromverbrauch eines Kraftwerkes der chemischen Industrie für einen Wintertag [nach Gaßberger]

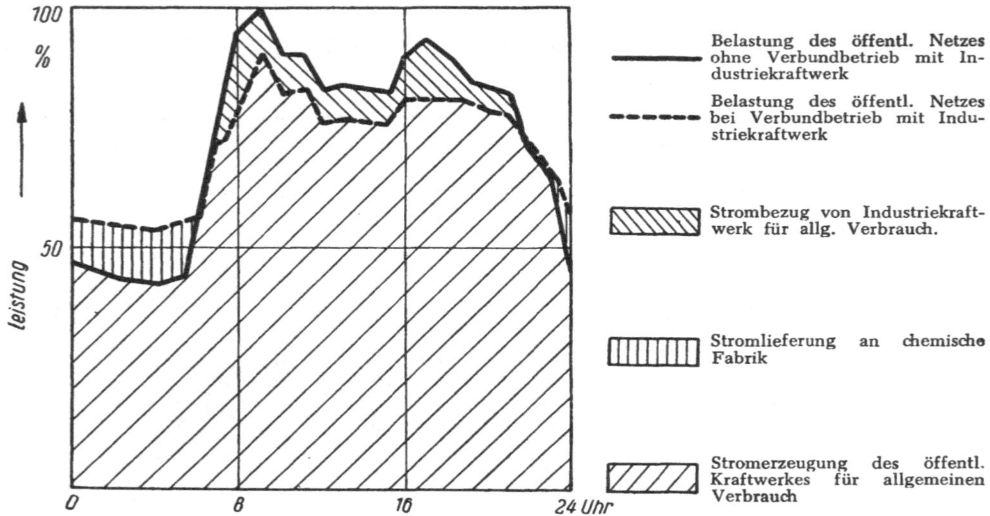

Abb. 65. Belastungsdiagramm eines öffentlichen Stromversorgungsunternehmens bei Verbundbetrieb mit einem Kraftwerk der chemischen Industrie für einen Wintertag [nach Gaßberger]

4. Wärmeintensiver Energiebedarf

a) Zuckerfabrik

Als Beispiel für Anlagen mit großem Wärmeverbrauch wurde eine Zuckerfabrik näher untersucht. Da Zuckerfabriken lediglich 3 bis 4 Monate im Jahr voll arbeiten, ist ihr Ausnutzungsfaktor sehr gering. Man ist daher bestrebt, die Anlagekosten so niedrig wie möglich zu halten.

Der Arbeitsgang in einer Zuckerfabrik ist folgender: die Rüben werden zunächst gewaschen und klein geschnitten und durch warmes Wasser in der sog. Diffusionsbatterie ausgelaugt. Der sich ergebende Rohsaft wird dann in mehreren Arbeitsgängen (Scheidung, Saturation, Filterung) gereinigt und als Dünnsaft in einer Verdampferanlage eingedickt und anschließend unter Vakuum verkocht, wobei er kristallisiert. In Zentrifugen wird der restliche Saft ausgeschieden und man erhält Zucker und Ablauf, der nochmals gekocht und geschleudert wird. Dabei entsteht Nachzucker und die Melasse. Die ausgelaugten Schnitzel werden getrocknet und als Futtermittel verwandt.

Bei der untersuchten Anlage handelt es sich um eine Weißzuckerfabrik mit vierstufiger Verdampferanlage. Die Kochstation arbeitet mit einem Unterdruck von 0,8 ata. Heizdampf- und Strombedarf wird durch ein eigenes Heizkraftwerk gedeckt (Gegendruckanlage). Das Trocknen der Schnitzel erfolgt getrennt von der Dampferzeugung in einer besonderen Anlage.

In Abbildung 66 ist ein Sankey-Diagramm der Anlage dargestellt. In der Verdampferanlage werden die Brüden der mit höherem Druck arbeitenden Verdampfer in den Verdampfer mit niedrigen Drücken zur Heizung mit herangezogen. Der durchschnittliche Wärmeverbrauch betrug bei diesem speziellen Beispiel etwa 47 000 kcal/100 kg Rüben. Der mittlere Strombedarf wurde zu 3 kWh/100 kg Rüben ermittelt. Normalerweise rechnet man mit 2,4 bis 3,6 kWh/100 kg Rüben.

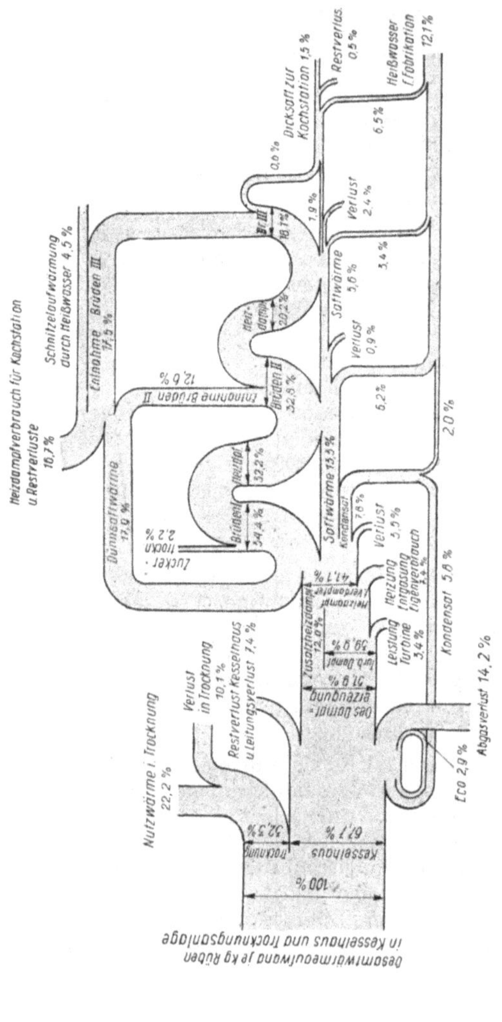

Abb. 66. Sankey-Diagramm einer Zuckerfabrik

Der Anteil der Kohlekosten an den reinen Betriebskosten betrug 32,8%, der von Löhnen und Gehältern 32,9%. Als Kohle wurde Braunkohle mit einem Heizwert von 1700 kcal/kg verwandt, bei einem Preis frei Kesselhaus von 7 DM/t. Dieser geringe Preis ist darauf zurückzuführen, daß sich die Zuckerfabrik in der Nähe von Braunkohlengruben befindet und daher die Transportkosten sehr gering sind. Die Kennwerte wurden gemessen zu:

Energiekennzahl a	$21 \frac{\text{kg Heizdampf/h}}{\text{kW}}$
Tagesbelastungsfaktor	0,94
Jahresbelastungsfaktor	0,34
Jahresbenutzungsstunden	3000 h
Ausnutzungsfaktor	0,23.

Diese Zahlen gelten nicht allgemein für Zuckerfabriken. Je nach den örtlichen Verhältnissen können mitunter erhebliche Unterschiede auftreten.

b) Heizkraftwerk

Als weiteres Beispiel sei das Heizkraftwerk von Berlin-Charlottenburg aufgeführt. Hierbei wurde als Wärmeträger für die Heizung Wasser gewählt. Statt des früher üblichen Dampfes wird heute mehr und mehr auf Wasser übergegangen, weil die erzielbare Stromausbeute größer und die Wärmeverluste des Heiznetzes infolge der niedrigeren Temperatur geringer sind.

In Abb. 67 sind zwei Belastungsdiagramme dieser Anlage wiedergegeben, und zwar für den Tag der Wärmespitze und den Tag der Stromspitze. Wie man sieht, tritt der Höchstbedarf an Wärme in den Morgenstunden und die Stromspitze nachmittags auf. Während der Stromverbrauch bezogen auf gleiche Jahreszeit normalerweise ziemlich gleich bleibt und nur gelegentlich durch wetterbedingte Dunkelheit stärker verändert wird, hängt der Wärmebedarf stark vom Wetter ab und ist daher größeren Schwankungen unterworfen.

Eine Gegendruckanlage ist für diese Lastverhältnisse nicht geeignet, weil bei ihr maximale Strom- und Heiz-

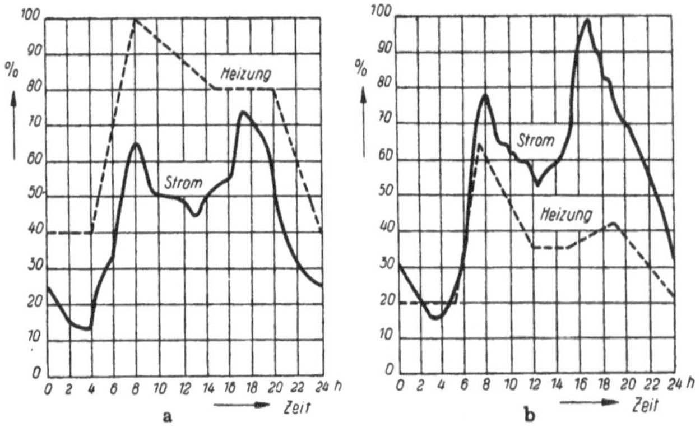

Abb. 67. Belastungsdiagramm des Heizkraftwerkes Berlin-Charlottenburg [nach Strempel]

a) Tag der Wärmespitze im Januar
b) Tag der Stromspitze im Dezember

leistung gleichzeitig auftreten. Es wurden daher Gegendruck-Kondensationsmaschinen mit Anzapfung vorgesehen. Abb. 68 zeigt eine Ausführung für 90 atü Frischdampfdruck und 50 000 kW Leistung. Der den Hochdruckteil (Gegendruckteil) verlassende Dampf wird z. T. in die Niederdruckstufe geleitet und bis auf Kondensatordruck entspannt. Der andere Teil strömt in den Heizungskondensator und gibt hier seine Wärme an das Warmwasserheizungsnetz ab. Durch diese Anordnung ist es möglich, dem jeweiligen Strom- und Heizbedarf gerecht zu werden. Fällt beispielsweise der Strombedarf bei Ansteigen der Heizleistung, so wird in den Heizungskondensator mehr, in den Niederdruckteil der Turbine weniger Dampf geleitet. Das Drosselorgan in der Überströmleitung zum Niederdruckteil dient zur Beeinflussung des Druckes für die Heizung. Durch die Anzapfungen wird z. T. Speisewasser vorgewärmt und z. T. die Heizung nachgewärmt.

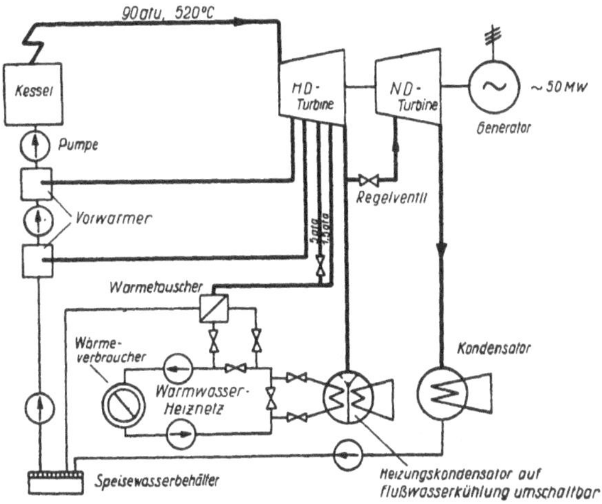

Abb. 68. Schema einer Anzapf-Gegendruck-Kondensationsturbine mit Heizungskreislauf

Zur Zeit der Stromspitzen ist es infolge der großen Wärmespeicherung des Wasserheizungsnetzes möglich, die Wärmeabgabe an das Wasser ganz oder zum großen Teil zu unterbrechen, so daß die Turbine voll auf Kondensation arbeiten und die Spitzen abdecken kann.

Bildet man den Heizungskondensator so aus, daß eine Hälfte mit dem Heiznetz und die andere mit einem Kühlwasserkreislauf verbunden ist, so läßt sich während der Spitzenbelastung der Heizungskondensator vom Heiznetz ab- und auf das Kühlwassernetz schalten und somit im Kondensationsbetrieb die höchste Leistung ausfahren. Durch diese Anordnung kann man auch schnellen Lastschwankungen hinsichtlich des Strombedarfs gerecht werden.

5. Abwärmeverwertung

Bei vielen industriellen Prozessen enthalten die Abgase erhebliche Wärmemengen, deren Verwertung wirtschaftlich besonders günstig ist. Neben der Luftvorwärmung für Kessel, Industrieöfen, Trocknungsanlagen und Heizungen kommt der Erzeugung von Dampf bzw. Heißwasser in nachgeschalteten Abhitzekesseln besondere Bedeutung zu. Zur Verwertung der Abgaswärme von Verbrennungskraftmaschinen kommt wegen der niedrigen Abgastemperaturen (bei Dieselmotoren meist niedriger als 500 °) und wegen der relativ geringen Leistungen praktisch nur die Warmwassererzeugung in Frage. Hinter Kupolöfen, Siemens-Martin-Öfen, Glühöfen usw. liegen die Abgastemperaturen zwischen 700 und 1000 ° oder sogar noch höher. In diesem Falle erscheint die Dampferzeugung in einem in den Abgasstrom eingebauten Abhitzekessel zweckmäßig, wobei die anschließende Energieerzeugung oder Dampfwärmeverwertung wieder nach den Gesichtspunkten des Betriebes erfolgen muß.

Als Beispiel seien die nachfolgenden Wirtschaftlichkeitsüberlegungen für einen Abhitzekessel wiedergegeben, der hinter einem Drehflammofen zur Metalleinschmelzung geschaltet ist (Bleihütte). Bei einer täglichen Dampfleistung von 42 t und einer jährlichen Betriebszeit von 82% beträgt die Dampferzeugung pro Jahr

$$G_D = 0{,}82 \cdot 360 \cdot 42 = 12\,400 \text{ t Dampf.}$$

Die Anlagekosten einschl. Fundament und Kesselhilfsmaschinen betrugen nach den vorliegenden Angeboten (1954) DM 250 000,—. Bei einer Verzinsung einschließlich Amortisation von 15% beträgt der:

Kapitaldienst:	DM 37 500,—	48,6%
Lohnkosten (4 Mann):	DM 22 000,—	28,5%
Reparaturkosten (0,20 DM/t):	DM 2 480,—	3,2%
Wasser (0,20 DM/m³):	DM 2 480,—	3,2%
Eigenenergie (15 kWh/t zu 0,05 DM/kWh):	DM 9 300,—	12,0%
Steuer und Versicherung (2% der Anlagekosten):	DM 5 000,—	6,5%
Betriebskosten pro Jahr einschließlich Kapitaldienst:	DM 78 760,—	100,0%

Die Kosten je erzeugte Tonne Dampf betragen demnach: DM 6,35. Die Brennstoffkosten können vollständig dem Ofen zur Last gelegt werden.

Würde man die Dampfmenge aus Kohle (DM 58,—/t) bei einer Verdampfungsziffer von 7,5 erzeugen müssen, so würden allein die Brennstoffkosten im Dampfpreis mit DM 7,75 schon höher sein als die gesamten Dampfkosten bei Verwendung eines Abhitzekessels.

Als weiteres Beispiel sei die Abhitzeverwertung einer Zinkhütte (Unterharzer Metallhütten) erwähnt. Hierbei werden die Abgase von Zink-Oxyd-Öfen, die eine Temperatur von 1000 bis 1200° haben, zur Erzeugung von Sattdampf herangezogen. In Tabelle 22 sind die Daten eines Werkes (Zinkhütte Harlingerode) zusammengestellt:

Tabelle 22

Zahl der Abhitzkessel (La-Mont-Kessel):	3
Konzessionsdruck:	32 atü
Abgasmenge:	8000 Nm^3/h
Abgaseintrittstemperatur:	1000°
Abgasaustrittstemperatur:	250°
Heizfläche (Vorwärmer und Verdampfer):	185 m^2
Nennleistung:	3,6 t/h
Wirkungsgrad:	73%

Die Überhitzung des Sattdampfes erfolgt durch einen mit Generatorgas gefeuerten Überhitzer, der es ermöglicht, die Überhitzungstemperatur unabhängig vom Betrieb konstant zu halten. Durch das Kraftwerk der Zinkhütte Harlingerode werden so allein 50% des gesamten Stromverbrauches der Ober- und Unterharzer Hüttenwerke gedeckt. Der Strompreis beträgt ohne Abschreibung und Kapitaldienst weniger als 1 Dpf/kWh. Allerdings wird die Abwärme als Gewinn für die Kraftanlage und als Verlust für die Hütte gewertet. Somit setzen sich die Kosten lediglich aus Kosten für Bedienung, Materialaufwand, Unterhalt und Brennstoffkosten für den Überhitzer zusammen.

Um eine Vorstellung von der Verbesserung der Wirtschaftlichkeit bei Abwärmeverwertung zu bekommen, sei erwähnt, daß bei einem Siemens-Martin-Ofen durch Abhitzeverwertung der Gesamtwirkungsgrad von 28% auf 46% gesteigert werden konnte. Es sind auch Fälle bekannt, wo eine Wirkungsgradverbesserung von 30 bis 40% erreicht wurde.

Die Abwärme von Dieselmotoren wird praktisch nur für Warmwassererzeugung verwertet. Das Kühlwasser, das eine Temperatur von 40 bis 60° C hat, läßt sich unmittelbar zum Waschen oder für sonstige industrielle Zwecke verwenden. Ist Wasser von einer höheren Temperatur erwünscht, z. B. für Heizung (70 bis 80°), so kann es durch Abgase auf die gewünschte Temperatur aufgewärmt werden. Die Auspuffgase lassen sich u. U. in Abhitzekesseln zur Dampferzeugung ausnutzen. Auch Warmlufterzeugung ist möglich, wenn man die Abgase in einen Lufterhitzer leitet.

Ein gutes Bild über die Wirtschaftlichkeit der Abwärmeausnutzung zeigt folgende

Wärmebilanz eines Dieselmotors:

Nutzleistung:	35—40% der zugeführten Brennstoffwärme
Strahlungsverluste:	6%
Kühlwasserverluste:	30%
Abgasverlust:	25—30%.

Die Kühlwasserwärme kann vollständig zurückgewonnen werden, von der Abgaswärme 15 bis 20% der zugeführten Energie.

Bei nichtüberladenen 2-Takt-Dieselmotoren lohnt sich eine Abgasverwertung im allgemeinen nicht, weil die Abgastemperatur durch die Spülluft zu sehr herabgesetzt wird.

Während bei Viertaktdieselmotoren die Abgastemperatur über 400° C liegt und somit wirtschaftlich nur Niederdruckdampf bis 6 ata erzeugt werden kann, erlauben die wesentlich höheren Abgastemperaturen von etwa 700 bis 800° der Gasmaschinen eine Dampferzeugung bei Drükken von über 6 ata. Eine Stromerzeugung aus der Abgaswärme lohnt sich daher nur bei Gasmaschinen.

Als Abhitzkessel werden Rauchrohr- und La-Mont-Kessel verwendet. Diese lassen sich nämlich mit einem druckfesten Gehäuse ausführen, das notwendig ist, weil es in den Auspuffleitungen der Diesel- und Gasmaschinen manchmal zu explosionsartigen Nachverbrennungen kommt, denen ein normalgebauter, eingemauerter Kessel nicht gewachsen wäre.

Abb. 69 zeigt einen La-Mont-Abhitzekessel hinter einer Gasmaschine. Das Kesselspeisewasser strömt aus der

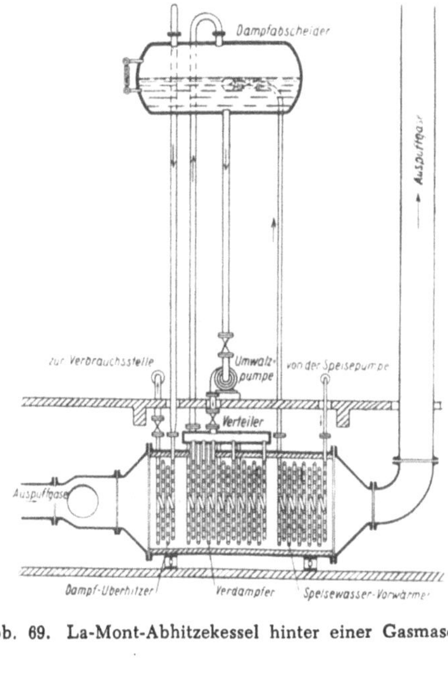

Abb. 69. La-Mont-Abhitzekessel hinter einer Gasmaschine

Trommel zur Umwälzpumpe und wird von dieser in den Verteiler gedrückt, von dem die parallel geschalteten Spiralrohre mit Wasser gespeist werden. Überhitzer, Verdampfer und Vorwärmer bestehen aus spiralförmigen nahtlosen Siederohren.

Die durch Abhitzeverwertung erzielten Verbesserungen der Gesamtwirtschaftlichkeit stimmen im allgemeinen gut mit den bei der Planung angestellten Wirtschaftlichkeitsberechnungen überein. Es zeigt sich allerdings manchmal, daß kleinere Abwärmeverwertungsanlagen nicht sorgfältig genug gewartet werden und daher unliebsame Betriebsstörungen und hohe Kosten für Reparaturen entstehen können. Wenn es die Größe des Betriebes erlaubt, sollte eigens ein Meister zur Überwachung und Kontrolle hierfür vorgesehen werden.

VI. Wärmetechnische Betriebsüberwachung

1. Regelung im Kraftwerksbetrieb

Die Steigerung von Drücken und Temperaturen im Kesselbau und die dadurch bedingte hohe Beanspruchung der Kessel- und Turbinenwerkstoffe machen es erforderlich, eine automatische Regelung im Kraftwerksbetrieb einzuführen, weil nur so eine genaue und gleichmäßige Kontrolle der Arbeitsvorgänge gewährleistet ist.

a) Regelungsarten

Mittels der Regelung wird eine vorgegebene Meßgröße, die sich ohne Regelung infolge störender Einflüsse in unerwünschter Weise ändern kann, fortlaufend auf Grund von Messungen eingestellt und aufrechterhalten. Der Regler, der auf einen bestimmten Sollwert eingestellt wird, betätigt das Stellglied der Regelstrecke, sobald die Meßgröße vom Sollwert abweicht. Es entsteht ein in einer Richtung durchlaufender Wirkungskreis, der als Regelkreis bezeichnet wird. Dieser besteht also aus Regler und Regelstrecken. Die Regelstrecke ist die zu regelnde Anlage, z. B. ein strömendes Gas das auf konstantem Druck gehalten werden soll. Stellglied (Drosselventil) und Fühlglied (Manometerstutzen) gehören mit zur Regelstrecke. Das Meßgerät gibt die Meßgröße an den Regler weiter, der entsprechend der Abweichung der Meßgröße vom Sollwert den Stellmotor und damit das Stellglied betätigt. Die Verstellung des Stellgliedes kann durch den Regler selbst erfolgen oder von einer Hilfsenergie übernommen werden. Für das Zeitverhalten der einzelnen Reglerarten ist es gleichgültig, ob es sich um einen Regler mit oder ohne Hilfsenergie handelt und ob diese in Form von Drucköl, Druckluft oder elektrischer Energie zugeführt wird.

Ein besonderer Vorteil der elektrischen Regelung ist dadurch gegeben, daß elektrische Energie überall vorhanden ist und nicht erst wie Druckluft und Drucköl erzeugt werden muß. Elektrische Energie läßt sich auch leicht fernleiten, so daß die Anordnung von zentralen Überwachungs- und Bedienungsanlagen vereinfacht wird. Der Elektromotor zeigt jedoch gewisse Mängel als Stellmotor, weil meist große Verstellkräfte und nur geringe Geschwindigkeiten benötigt und daher Untersetzungsgetriebe von 1 : 1000 bis 1 : 1500 notwendig werden. Das hohe Trägheitsmoment des Elektromotors läßt außerdem schnelle Drehrichtungsänderungen nicht zu.

Hydraulische Regler besitzen eine hohe Betriebssicherheit, ferner sind mit Drucköl betriebene Stellmotoren einfach im Aufbau und für hohe Verstellkräfte geeignet. Eine Fernleitung ist bei hydraulischer Regelung, wenn es sich nicht um größere Strecken handelt, nicht teurer und schwieriger als bei elektrischer Übertragung.

Die pneumatischen und elektro-pneumatischen Regler haben vor allem in der chemischen Industrie große Verbreitung gefunden, weil sie sehr einfach zu steuern sind und sich besonders für explosionsgefährdete Räume eignen. Außerdem erübrigen sich Rückleitungen, da die Luft ins Freie abgelassen werden kann. Bei der elektropneumatischen Regelung wird elektrisch gemessen und pneumatisch geregelt.

b) Regelung in Kraftwerken

Die umfangreichste Regelanlage in Kraftwerken ist die Kesselregelung. Sie hat folgende Anforderungen zu erfüllen:

1. Die Regelung soll die Bedienung entlasten und jede Gefahr vermeiden, die durch Übertemperatur, Überdruck oder sonstige Einflüsse entstehen kann. Diese Forderung steht in manchen Fällen nicht mit den übrigen Aufgaben in Einklang. So wird z. B. bei Rohrschäden der Dampfdruck und die Dampfmenge sinken, so daß im ersten Augenblick die Feuerungsleistung hochgeregelt wird, während das Feuer zurückgenommen werden müßte.

2. Die einzelnen Funktionen der Regelung müssen so aufeinander abgestimmt sein, daß eine wirtschaftliche Betriebsweise durch Einhaltung des richtigen Luftüberschusses im Kessel gewährleistet ist und die eingestellten Betriebsgrößen eingehalten und optimale Laständerungszeiten erreicht werden.
3. Die Regelung muß in sich gesichert sein. Bei Ausfall der Hilfskraft darf sich die Regelgröße nicht mehr ändern, und das Stellglied muß so stehen bleiben wie es zu Beginn der Störung stand. Das Bedienungspersonal muß sofort darauf aufmerksam werden und von Hand aus weitersteuern können.

Bei der Regelung von Hochdruckkraftwerken ergeben sich damit im einzelnen folgende Aufgaben:

Feuerungsregelung: Anpassung der jeweiligen Feuerungsleistung an die geforderte Dampfleistung unter Einhaltung des günstigsten Luftverhältnisses.

Es kann jeder Dampfmenge eine bestimmte Luft- und Kohlenmenge zugeordnet werden. Sind diese einmal eingestellt, so werden Luft und Kohle stets in dem richtigen Verhältnis geregelt. Heizwertschwankungen müssen allerdings gesondert berücksichtigt werden.

Speisewasserregelung: Konstanthalten des Wasserstandes und Einspeisung einer der abgegebenen Dampfmenge entsprechenden Speisewassermenge.

Bei der Speisewasserregelung reicht der Wasserstand in der Trommel als alleinige Regelgröße nicht aus. Da der Wasserinhalt der Trommel bei modernen Höchstdruckkesseln nur ungefähr $^1/_{10}$ der stündlichen Dampferzeugung beträgt, würde der Wasserstand in unzulässigen Grenzen schwanken.

Daher wird nicht erst abgewartet, bis der Wasserstand sich ändert, sondern sobald eine Differenz zwischen Speisewassermenge und Dampfmenge auftritt, wird auch das Speisewasserventil verstellt.

Dampftemperaturregelung: Konstanthalten der Dampftemperatur unabhängig von der Kesselbelastung

Dies ist möglich durch

1. Umleitung eines Teiles der Rauchgase um den Überhitzer durch Regelklappen;
2. Rückleitung eines Teiles des überhitzten Dampfes in geschlossenen Rohrleitungen durch das Kesselwasser und Vermischung mit dem restlichen Teil des Heißdampfes;

3. einen bestimmten Teil des Sattdampfes, der abgezweigt und nachher dem Heißdampf zugemischt wird;
4. Einspritzung von Wasser in den Dampf zur Temperaturregelung. Dieses muß zwischen Vor- und Nachüberhitzer vorgenommen werden, damit kein Wasser in die Turbine mitgerissen wird;
5. verschiedene Neigung der Brenner bei Kohlenstaubkesseln.

Dampfmenge- und Dampfdruckregelung:

Konstanthalten der Dampfmenge und des Druckes. (Aufgabe der Feuerungsregelung)

Bei der Regelung über den Dampfdruck übernimmt die Turbinenregelung die Anpassung der Dampfmenge an die geforderte Leistung. Wird das Drehmoment der Turbine durch Erhöhung der Stromabnahme vergrößert, so wird deren Drehzahlabfall verhindert, da der Drehzahlregler weitere Düsenventile öffnet. Infolge des größeren Dampfverbrauches fällt der Kesseldruck ab. Der Feuerungsregler erhöht dann die Feuerungsleistung so lange, bis der Druck konstant bleibt. Eine besondere Dampfmengenregelung ist also nicht erforderlich.

Geschieht die Regelung der Feuerungsleistung jedoch über die Dampfmenge, so muß der Dampfdruck in einem besonderen Regelkreis vor der Turbine konstant gehalten werden. Bei Erhöhung der Turbinenleistung durch Vergrößerung der Stromabnahme öffnet auch hier der Turbinenregler weitere Düsenventile, die Dampfmenge steigt. Gleichzeitig paßt auch der Feuerungsregler die Feuerungsleistung der Dampfmenge an. Der Druck kann nicht abfallen, da er durch den Druckregler konstant gehalten wird.

Turbinenregelung: Konstanthalten der Drehzahl

Aus Gründen der Stabilität erfolgt dies meist durch einen proportional wirkenden Fliehkraftregler. Dieser steuert einen Ölstrom, der eine Nockenwelle verstellt, die die Ventilspindeln der Düsenventile bewegt. Eine stellungsabhängige Rückführung beendet den Regelvorgang, wenn der Sollwert erreicht ist.

Feuerraumdruck- und Mühlenluftregelung:

Der Feuerraumdruckregler hat die Aufgabe, für alle Kesselbelastungen einen konstanten Unterdruck an einer bestimmten Stelle im Feuerraum aufrecht zu erhalten. Der Unterdruck wird mit einer Ringwaage, bei der hydraulischen Regelung von einer Membran gemessen. Das Stellglied greift an dem Drallregler des Saugzuges an.

Der Mühlenluftregler soll die Mühlentemperatur und den Mühlendruck konstant halten, da diese abhängig vom Kohlendurchsatz sind. Es darf einerseits eine bestimmte Grenztemperatur nicht überschritten werden und zum anderen muß eine ausreichende Menge Trägerluft für die Kohlenstaubteilchen vorhanden sein. Die Mühlenluftregelung wird meist getrennt durchgeführt. Sie kann aber auch in Abhängigkeit von der Kohlenmenge geregelt werden.

Auf die Erwähnung weiterer Anlagenteile der Regelung, die in Kraftwerken manchmal benutzt werden, soll in diesem Rahmen verzichtet werden.

In modernen Kraftwerken ist es nicht mehr möglich, alle erforderlichen Anzeige- und Regelgeräte da anzuordnen, wo gerade gemessen oder geregelt wird. Es müssen daher zentrale Leitstände oder sog. Wärmewarten eingerichtet werden, von denen die Anlage überwacht und bedient werden kann. Die Bedienung und Überwachung wird dann sehr übersichtlich und erfordert nur einen geringen Aufwand an Personal. Meist sind die Leitstände sämtlicher Kessel zusammengefaßt. Es können dann alle Messungen, die zur Sicherheit der Anlage, zur Inbetriebsetzung und zur wärmewirtschaftlichen Überwachung wichtig sind, abgelesen werden. Die Kessel und deren Hilfsmaschinen werden von hier aus angefahren, gesteuert und geregelt.

Für die Turbine wird meist ein besonderer Leitstand direkt neben der Maschine aufgebaut. Nur einige wichtige Meßwerte werden zur Wärmewarte geleitet. Ebenso ist dies der Fall für Pumpen, Kohlebagger und Kohlenförderbänder.

Die elektrische Schaltwarte für das Netz wird getrennt oder mit der Wärmewarte zusammen untergebracht.

Bei Blockkraftwerken mit großen Einheiten sind die Leitstände mit den für die Bedienung wichtigen Instrumenten und Schaltanlagen bei den Kesseln selbst angeordnet.

In Abb. 70 und 71 sind als Beispiel der Dampf-, Wasser- und Kohle-, Luft-, Rauchgas-Weg und die zur Betriebsüberwachung erforderlichen Meßstellen und Meßgeräte vereinfacht dargestellt.

In dieser Übersicht sind in der ersten Spalte Angaben über die Art der Messung gemacht und in der zweiten die Meßmethoden oder die Art der Meßgeräte aufgeführt. Für jede Messung ist nur ein Meßgerät angegeben, in vielen Fällen können auch andere Geräte und Methoden angewandt werden.

Die Buchstaben in der letzten Spalte beziehen sich auf die Art des Anzeigengerätes. Es bedeutet:

A = Meßwertübertragung erfolgt auf ein Anzeigegerät,
R = Meßwertübertragung erfolgt auf ein Registriergerät.

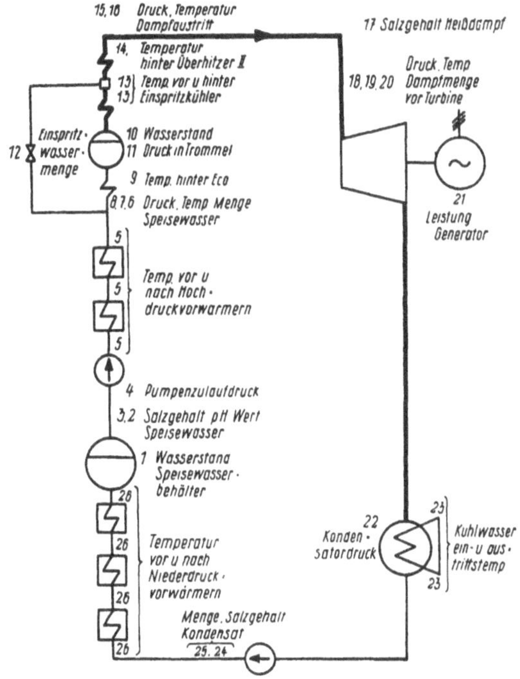

Abb. 70. Beispiel für die Meßstellen-Anordnung im Wasser-Dampfkreislauf eines Kondensationskraftwerkes

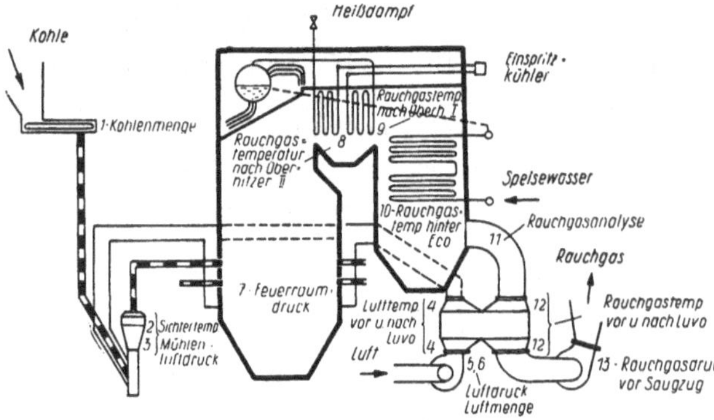

Abb. 71. Beispiel für die Meßstellen-Anordnung im Brennstoff-Luft-Rauchgas-Weg eines Trommelkessels

Neben den Anzeigeinstrumenten sind auf dem Leitstand noch Signallampen und Hupen zur Betriebskontrolle angebracht, die auf besondere Gefahren aufmerksam machen. Die Signallampen leuchten auf, wenn wichtige Maschinen ausfallen, oder wenn sich bestimmte Meßwerte wie Wasserstand, Dampfdruck, Dampftemperatur usw. stark ändern. Sie brennen im allgemeinen so lange, bis die Störung behoben ist, während das Signalhorn vom Bedienungspersonal abgestellt werden kann.

1.	Wasserstand: Speisewasserbehälter	Ringwaage	A
2.	pH-Messung: Speisewasser	Elektrometrisches Meßverfahren	A R
3.	Salzgehalt: Speisewasser	Leitfähigkeit	A R
4.	Pumpenzulaufdruck	Manometer	A
5.	Temperatur vor und hinter Hochdruckvorwärmer	Widerstandsthermometer	A
6.	Speisewassermenge	Meßdüse-Ringwaage	A R
7.	Temperatur: Speisewasser	Widerstandsthermometer	A R
8.	Druck: Speisewasser	Manometer	A
9.	Temperatur hinter Eco	Thermoelement	A
10.	Wasserstand: Trommel	Ringwaage	A R

11.	Trommeldruck	Manometer	A
12.	Einspritzwassermenge	Meßdüse-Ringwaage	A R
13.	Temperatur vor und hinter Einspritzkühler	Thermoelement	A
14.	Temperatur hinter Überhitzer II	Thermoelement	A
15.	Druck: Dampfaustrittssammler	Manometer	A
16.	Temperatur: Dampfaustrittssammler	Thermoelement	A
17.	Salzgehalt: Heißdampf	Leitfähigkeit	A R
18.	Dampfmenge vor Turbine	Meßdüse-Ringwaage	A R
19.	Dampfdruck vor Turbine	Manometer	A R
20.	Dampftemp. vor Turbine	Thermoelement	A R
21.	Leistung: Generator		
22.	Druck: Kondensator	Ringwaage	A
23.	Kühlwassertemperatur: Ein- und Austritt	Widerstandsthermometer	A
24.	Salzgehalt: Kondensat	Leitfähigkeit	A R
25.	Kondensatmenge	Ringwaage	A R
26.	Temperatur vor und nach Niederdruckvorwärmern	Widerstandsthermometer	A
1.	Kohlenmenge	Drehzahl der Zuteiler	A R
2.	Sichtertemperatur	Thermoelement	A
3.	Mühlenluftdruck	Ringwaage	A
4.	Temperatur vor und hinter Luvo	Widerstandsthermometer	A
5.	Luftpressung: Frischluftgebl.	Ringwaage	A
6.	Luftmenge	Differenzdruck. Luvo-Ringwaage	A
7.	Feuerraumdruck	Ringwaage	A
8.	Temperatur nach Überhitzer II	Thermoelement	A
9.	Temperatur nach Überhitzer I	Thermoelement	A
10.	Temperatur nach Eco	Thermoelement	A
11.	Rauchgasanalyse	Absorptionsverfahren, elektr. Meßverfahren	A R
12.	Rauchgastemperatur vor und hinter Luvo	Thermoelement	A
13.	Rauchgasdruck vor Saugung	Ringwaage	A

2. Kohlenlagerung

Von besonderer Bedeutung für die Lagerung von Kohlen ist ihre Neigung zur Oxydation auch bei niedrigen Temperaturen. Zunächst erfolgt hierbei eine Adsorption des Sauerstoffes an der Oberfläche der Kohle, dann die eigentliche Oxydation. Die Sauerstoffaufnahme ist um so größer, je höher die Temperatur und je feiner die Körnung ist. Weiterhin zeigt sich, daß bei jüngeren Kohlen, also Kohlen mit größerem Gehalt an Flüchtigen, die Reaktion mit Sauerstoff schneller vor sich geht.

Verläuft die Oxydation langsam (Verwitterung), so treten nur allmählich Änderungen der Zusammensetzung und der Eigenschaften der Kohle ein, und nach einiger Zeit klingt die Reaktion ab, sofern sich nicht die äußeren Bedingungen ändern. Erfolgt der Oxydationsprozeß jedoch so rasch, daß die hierbei frei werdende Wärme nicht abgeführt werden kann, so kommt es zu beträchtlichen Temperatursteigerungen und schließlich zur Entzündung. Abgesehen von der Gefahr der Selbstzündung, ergeben sich als Hauptnachteile durch die Oxydation eine Verringerung des Heizwertes, die je nach Temperatur sehr erheblich sein kann (bis 15% bei 75° bis 135° C), eine Verschlechterung der Kokungseigenschaften und eine Abnahme der mechanischen Festigkeit bzw. ein Kornzerfall.

Auf Grund dieser Verhältnisse ergeben sich für eine Lagerung folgende Richtlinien:

1. Der Zutritt von Luft bzw. Sauerstoff ist möglichst zu unterbinden. Dies läßt sich beispielsweise durch Zusammenpressen der Kohle und Abdecken des Stapels von oben und unten mittels einer Asphalt- oder Teerschicht erreichen. Pfähle, Streben usw., die der Luft Zutritt zum Kohlenhaufen verschaffen, müssen beseitigt werden.
2. Eine Entmischung und das Zusammenschütten von Kohle unterschiedlicher Körnung sowie Grusnester sind zu vermeiden. Daher darf bei Verladeeinrichtungen die freie Fallhöhe nicht zu groß sein, ebenso muß die Höhe der Stapel auf etwa 4 bis 6 m beschränkt bleiben, weil sonst die Gefahr einer starken Zermalmung der Kohle besteht.
3. Die Temperatur in Kohlehalden darf 50 bis 60° C nicht überschreiten. Daher muß eine tägliche Temperaturkontrolle durchgeführt werden. Übersteigt die Temperatur 60° C, so ist eine Umschaufelung des betreffenden Kohlehaufens vorzunehmen. Die Einrichtung von Meßstellen erleichtert

die Überwachung wesentlich, so lassen sich z. B. senkrechte Rohre verwenden, in denen man die Temperatur mittels eines Maximalthermometers mißt.

Besonders zu beachten ist ferner, daß die Lagerung nicht in der Nähe von Dampfleitungen, heißen Wänden etc. erfolgt, wodurch eine unzulässige Temperaturerhöhung hervorgerufen werden könnte. Ebenso müssen ausreichende Mittel für eine evtl. Brandbekämpfung vorhanden sein.

4. Bei leichtzündenden Brennstoffen, wie Braunkohlenbriketts, ist eine Lagerung unter Dach als Schutz vor Sonneneinstrahlung und Witterungseinflüssen angebracht, sofern dies kostenmäßig tragbar ist. U. U. wird auch eine Lagerung unter Wasser angewandt (ersäufen), jedoch kommt dies selten vor.
5. Sehr leicht zündende Brennstoffe, wie z. B. Schwelkoks oder Kohlenstaub, müssen in meist unter Flur liegenden Bunkern gelagert werden. Ggfs. ist eine Schutzgasatmosphäre, z. B. durch Rauchgas, vorzusehen. Hinsichtlich der Lagerung in Bunkern gelten sonst die gleichen Richtlinien.
6. Anthrazit, der die geringste Fähigkeit zur Sauerstoffaufnahme hat, kann in jeder Menge gelagert werden, ohne daß er sich verschlechtert oder selbst entzündet.

3. Ascheverwertung und Flugaschefragen

Da in Staubfeuerungen vornehmlich aschereiche Kohlen mit einem Aschegehalt von 15—40% verbrannt werden, sind die Mengen an anfallender Asche sehr erheblich. Im Gegensatz zu Rostfeuerungen, bei denen fast die gesamte Asche in granulierter Form bzw. als grobkörnige Schlacke anfällt, die in der Bauindustrie als Füll- und Isolierstoffe oder für den Straßenbau verwendet werden kann, fällt bei Staubkesseln mit trockenem Aschenabzug der weitaus größte Teil der Asche in Form von Staub an, für den bisher praktisch keine Verwendungsmöglichkeit bestand. Diese Verhältnisse haben mit zur Entwicklung von Staub- und Zyklonfeuerungen beigetragen, die durch sehr hohe Feuerraumtemperaturen einen flüssigen Schlackenabzug ermöglichen, so daß die Schlacke durch Einleiten in Wasser granuliert und damit verwendbar gemacht werden kann. Da nicht alle Kohlesorten für Schmelzfeuerungen geeignet sind und eine große Zahl von staubgefeuerten Kesseln vorhanden ist, mußte auch nach Verwertungsmöglichkeiten für reine Flugasche gesucht werden.

Flugstaub enthält relativ hohe Prozentsätze an Metalloxyden, insbesondere Aluminiumoxyd Al_2O_3 (etwa 20—30%). Daher lag der Gedanke nahe, Flugasche als Rohstoff für die technische Herstellung von Metallen, bes. Aluminium, heranzuziehen. Jedoch zeigte es sich, daß hierfür besondere Verhüttungsverfahren erforderlich sind und eine derartige Lösung für den reinen Kraftwerksbetrieb nicht tragbar ist.

Hingegen bieten sich in der Baustoffindustrie günstige Möglichkeiten für eine wirtschaftliche Verwertung der Flugasche. Versuche, den Flugstaub einfach durch Zusätze von Kalk oder Zement zu einem zementähnlichen Bindemittel zu verarbeiten, haben für deutsche Kohlensorten wegen ihrer in weiten Grenzen schwankenden Aschezusammensetzung nicht zu befriedigenden Ergebnissen geführt.

Die Herstellung von Steinen aus Flugasche unter Zusatz eines Bindemittels ist hingegen möglich. Man unterscheidet hierbei drei Arten von Steinen: den Kalk-Flugaschestein, den Flugasche-Porenbeton und den gebrannten Flugaschestein. Beim Kalk-Flugaschestein, dessen Herstellung sich auch in Deutschland praktisch bewährt hat, wird Flugstaub nach Zusatz von Kalk und sorgfältiger Mischung in Formen gepreßt und anschließend in Behältern mit Dampf von 8—16 atü gehärtet.

Abb. 72 zeigt die günstigen Festigkeitseigenschaften dieses Steines. Bei gleicher Festigkeit wie Ziegelstein hat er ein wesentlich geringeres spez. Gewicht als dieser. Eine Steigerung der Festigkeit und natürlich auch des Raumgewichtes durch Zusatz grober Asche, z. B. aus der Schmelzkammer, ist außerdem möglich. Diese Steine lassen sich auch aus Schmelzkammerasche und Kalk ohne Flugasche herstellen (Abb. 73).

Porenbeton wird aus einer Mischung von Flugasche, Sand und Zement bzw. Kalk hergestellt. Nach dem Mischen erfolgt ein Härten an der Luft und anschließend ein Zerschneiden und Härten im Dampfbehälter wie beim Kalk-Flugaschestein. Auch dieses Verfahren scheint sich in Deutschland zu bewähren.

Bei den gebrannten Flugaschesteinen (Abb. 73) wird Ton bzw. Mergel der Flugasche zugesetzt. Die weitere Verarbeitung, Formgebung und Brennen, entspricht im wesentlichen der normalen Ziegelherstellung. Auch hier lassen Versuchsanlagen die Wirtschaftlichkeit des Verfahrens erwarten. Ein

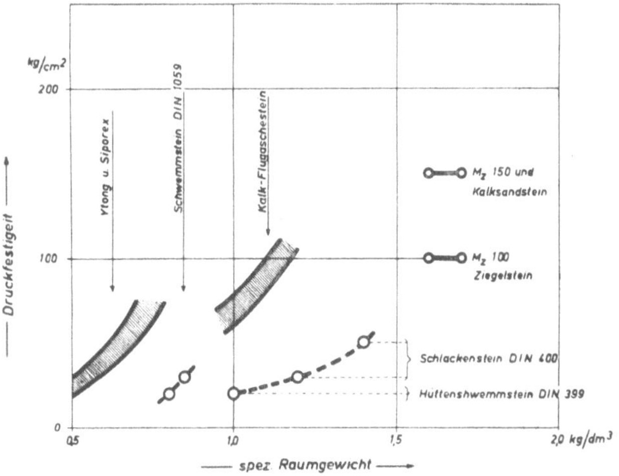

Abb. 72. Druckfestigkeit und spezifisches Gewicht einiger Bausteine [nach Schäff]

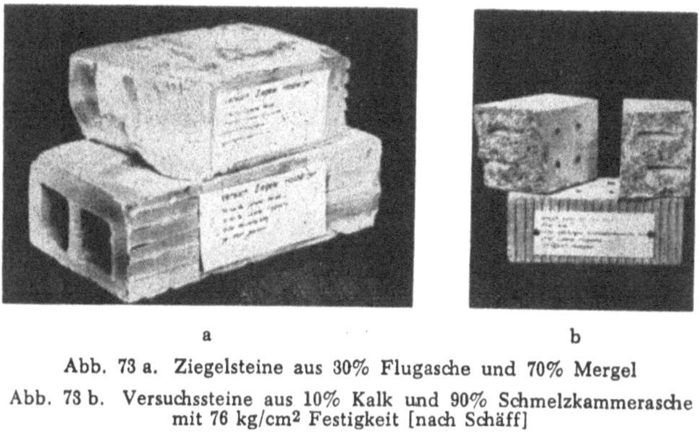

a b

Abb. 73 a. Ziegelsteine aus 30% Flugasche und 70% Mergel

Abb. 73 b. Versuchssteine aus 10% Kalk und 90% Schmelzkammerasche mit 76 kg/cm² Festigkeit [nach Schäff]

Vergleich der drei Steinherstellungsverfahren zeigt, daß die Menge der Zuschlagstoffe zur Zeit beim Kalk-Flugaschestein mit 10% den kleinsten Wert hat. Das ist besonders wichtig, weil der Kraftwerksbetrieb daran interessiert ist, pro Gewichts- oder auch Raumeinheit der erzeugten Steine ein Maximum an Flugstaub abzusetzen.

Die Verwertung der anfallenden Asche, insbesondere der Flugasche, scheint somit auch in wirtschaftlicher Hinsicht aussichtsreich, so daß die Flugasche nicht nur als lästiges Abfallprodukt, sondern auch als wahrscheinlicher Rohstoff für die Baustoffindustrie betrachtet werden kann.

Schrifttum

Energiewirtschaftliche Grundlagen

1. Energiegewinnung und Energieverbrauch. Glückauf 90 (1954), Heft 3/4, S. 131.
2. A. Stein, Energiewirtschaft.
3. Hagen, Vorkommen von Kohle, Eisen, Erdöl und Uran auf der Welt. Glückauf 90 (1954), Heft 1/2.
4. Erdölreserven der Welt. Erdölinformationsdienst 1954, H. 35.
5. J. Musil, Praktische Energiewirtschaftslehre. 1949.
6. H. Umstätter, Der Petroleum-Ingenieur. 1951.
7. Die Kohlenwirtschaft der Welt in Zahlen. Ausg. 1938 und 1952 der Ruhrkohlen-Bergbauleitung.
8. Zeitschrift „Glückauf".
9. Kohlenförderung und Kokserzeugung der Welt in den Jahren 1952—1954. Glückauf 91 (1955), Heft 7/8.
10. Erdölinformationsdienst.
11. R. Schwarz, Petroleum-Vademecum 1936.
12. Die Erdölförderung der Welt. 1953 u. 1954. Erdölinformationsdienst 1954, H. 24.
13. Die Bedeutung von Naturgas in den USA. Elektrizitätswirtsch., Bd. 25 (1950/51), H. 9, S. 238/242.
14. Elektrizitätswirtschaft.
15. J. Wolf, Systematik der Wasserkräfte der Bundesrepublik (1951).
16. I. Venters, Versuchswindkraftwerk auf den Orkneyinseln. Engineer, London, Bd. 189 (1950), S. 106—108.
17. Die Energiequellen der Welt (Les resources mondiales en énergie). Usine Nouvelle, Bd. 9 (1953), H. 36, S. 22.
18. K. Ebert, Das statistische Bild der Energiewirtschaft im Bundesgebiet. Glückauf 1954, H. 21/22, S. 559.
19. E. Klapthor, Die Elektrizitätsversorgung in der Bundesrepublik Deutschland im Jahre 1953. Elektrizitätswirtschaft 1954, H. 18.
20. Die Kohle im amerikanischen Energiehaushalt. Glückauf, Bd. 90 (1954), H. 15/16, S. 416—421.
21. Energiequellen und Energiebedarf der Welt in der Zukunft. Archiv für Energiewirtschaft 1954, H. 1.
22. Melchinger, Die deutsche E-Wirtschaft 1951. Energiewirtschaftliche Tagesfragen 1952/11.

Wärmetechnische Grundlagen der Energieumwandlung

1. W. Nußelt, Technische Thermodynamik, Sammlung Göschen, Band 1151, 1951.
2. L. Musil, Die Gesamtplanung von Dampfkraftwerken, 1948.
3. H. Netz, Wärmewirtschaft, 1954.
4. W. R. Felix, P. Hummel, Kondensationsturbinen großer Leistung, BBC-Mitteilungen.
5. W. Niebergall, Absorptionsanlagen als Wärmepumpen — Wärmetransformationsanlagen, Gesundh. Ing., 1955 Nr. 9/10, S. 129.
6. O. Hahn, Die Kettenreaktion des Uran und ihre Bedeutung, Z. VDI, Bd. 90, 1948, S. 9.
7. W. Heisenberg, Die Physik der Atomkerne, 1949.
8. W. Fucks, Energiegewinnung aus Atomkernen, 1948.
9. P. Denzel, Derzeitige Probleme der Elektrizitätserzeugung, Elektrizitätswirtschaft, 1955.
10. W. Fuchs, Untersuchungen mit radioaktiven Isotopen, Jahrb. d. T. H. Aachen, 7. Jahrg., 1955/56, S. 66.
11. J. Meixner, Zur Thermodynamik der Thermodiffusion, Ann. d. Phys. (5), 39, 1951, S. 335.
12. U. S. Atomic Energy Commission, Reactor Handbook (6 Bände) 1955.
13. K. Jaroschek, Wirtschaftlichkeitsaussichten der Krafterzeugung, Z. VDI, Bd. 97, 1955, Nr. 31.
14. H. Mandel, Die internationale Atomenergiekonferenz in Genf, Energiewirtschaftl. Tagesfr., Jahrg. 5, Nr. 39, S. 87.
15. Archiv für Energiewirtschaft, Nr. 15, 1954.
16. M. Benedict, Reaktoren, Vortr. i. Bayerwerk Leverkusen.
17. F. Münzinger, Atomkraft, 1955.
18. G. Wiesenack, Kernkraftwerke und bewegliche Kernkraftanlagen, Z. VDI, Bd. 98, 1956, S. 149.
19. W. Riezler, Einführung in die Kernphysik, Verlag Oldenbourg, 1953.
20. Knopf, Diss. Dresden.
21. U. Senger, Die wärmewirtschaftl. Gewinnmöglichkeiten in Kondensationskraftwerken, BWK 1955/2.
22. H. F. Mueller, Entwicklungstendenzen in der Energiewirtschaft, Prakt. Energiekunde, 1956/2.

Kostenrechnung

1. Schnettler, Der Betriebsvergleich, 1951.
2. Schmalenbach, Selbstkostenrechnung und Preispolitik, 1934.
3. U. a.: Beckmann, Verteilung der Selbstkosten auf Strom- und Heizdampf. BWK/1953/2; weitere Literatur dort.
4. Gutachten über Kosten- und Ertragslage der Elektrizitätswirtschaft im Bundesgebiet, s. auch Melchinger, EwT 1953/14—15.
5. Schäff, Bewertung der Energie in Dampfkraftwerken, BWK 1955/5.
6. Veröffentlichungen und Dissertationen des energiewirtschaftlichen Institutes der Universität Köln. U. a. Lilienfein, Grundlagen einer Selbstkostenrechnung von Heizkraftwerken, und Literatur dort.
7. Stackelberg, Theoretische Volkswirtschaftslehre.
8. Schneider, Einführung in die Wirtschaftstheorie.
9. Schulz, Öffentliche Heizkraftwerke.
10. Musil, Praktische Energiewirtschaftslehre.
11. Schulze, Energieversorgung in der Heizdampf verbrauchenden Industrie, Energie, 1950/4.
12. Hähnel, Anlagekosten von Dampfkraftwerken, BWK 1950/6.
13. Fichtner, Neuzeitliche Industriekraftwerke, Energie, 1953/11.
14. Schulze, Neuzeitliche Industriekraftwerke, Energie, 1952/11.
15. Scheltz, Kostenanteile von Strom- und Heizwärme bei Heizkraftwerken, Archiv für Wärmewirtschaft 1941.
16. Feuerungstechnik 1941/29.
17. Schultes, Dampfpreis und Strompreis in Industriekraftwerken, Energie, 1952/11.

Beispiele der Energiewirtschaft verschiedener Industriezweige

1. W. Kretschmann, Neuzeitliche Braunkohle-Großkraftwerke, Braunk. Wärme und Energie, Bd. 5, 1953, Nr. 19/20, S. 395.
2. VDEW, Anhaltszahlen über den Elektrizitäts-, Kraft- und Wärmebedarf der Industrie.

3. A. Gaßberger, Die Strom- und Gasverbundwirtschaft eines großen Industriewerkes, Vortr. i. H. d. T., Essen, 1954.
4. E. Strempel, Stadtheizung und Kraft-Wärmekupplung, Gesundh. Ing. Jahrg. 75, 1954, Nr. 13/14, S. 209.
5. F. A. F. Schmidt, Die Überwachung der Energie- und Wärmewirtschaft, Der Werksleiter, 1930, H. 16 u. 17.
6. W. Westphal, Die Abhitzeverwertung bei den Unterharzer Metallhütten, Erzmetall, Bd. 1, 1948, S. 193.
7. Th. Geissler, Industrielle Abhitzeverwertung, Energie, 3. Jahrg., 1951, Nr. 7.
8. R. Schulze, Zyklonfeuerung für rheinische Braunkohle, Energie, 6. Jahrg., 1954, Nr. 5, S. 141.

Kohlenlagerung

AWF Betriebsblatt, „Zweckmäßige Lagerung von Kohle". Beuth-Verlag, Berlin und Krefeld.

Franke, Das Lagern von Kohle unter Verhütung ihrer Selbstzündung in Amerika. Glückauf, Bd. 90, 1954 H. 31/32, S. 853.

W. Lange u. W. Winzen, Oxydation, Verwitterung und Selbstzündung von Steinkohlen. BWK. Nr. 10, 1954, S. 382 (dort weitere Literatur).

W. Gumz, Kurzes Handbuch der Brennstoff- und Feuerungstechnik. 2. Aufl., 1953, Springer-Verlag, Berlin/Göttingen/Heidelberg.

Ascheverwertung und Flugaschefragen

Schäff, Einfluß der Ascheverwertung auf die Feuerraumgestaltung, Lösung der Ascheverwertung. Mitteilungen der VGB, 1951, Heft 17/18.

Sachverzeichnis

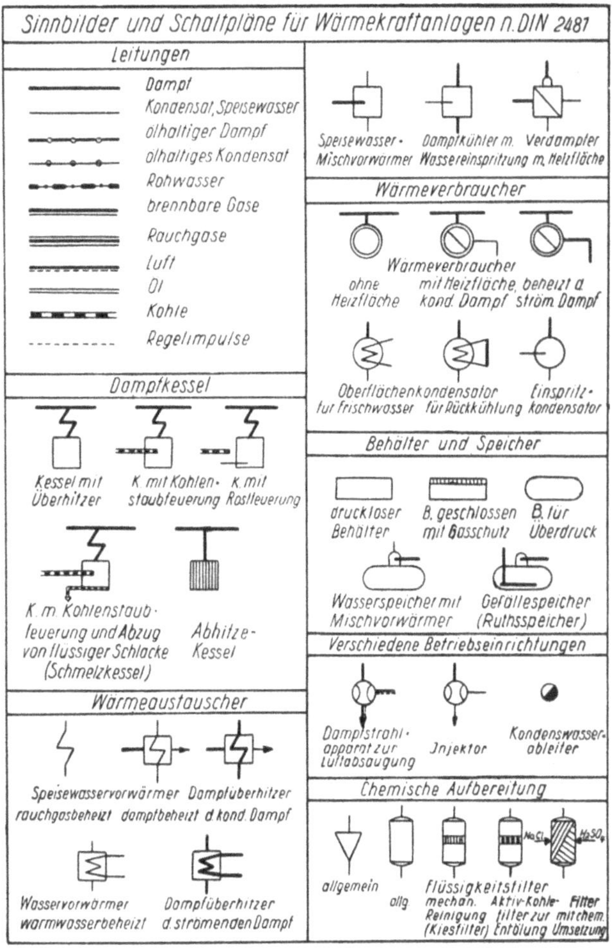
Sinnbilder und Schaltpläne für Wärmekraftanlagen n. DIN 2481
Leitungen
Dampf
Kondensat, Speisewasser
ölhaltiger Dampf
ölhaltiges Kondensat
Rohwasser
brennbare Gase
Rauchgase
Luft
Öl
Kohle
Regelimpulse
Speisewasser-Mischvorwärmer
Dampfkühler m. Wassereinspritzung
Verdampfer m. Heizfläche
Wärmeverbraucher
ohne Heizfläche
Wärmeverbraucher mit Heizfläche, beheizt d. kond. Dampf
beheizt d. ström. Dampf
Oberflächenkondensator für Frischwasser
für Rückkühlung
Einspritzkondensator
Dampfkessel
Kessel mit Überhitzer
K. mit Kohlenstaubfeuerung
K. mit Rostfeuerung
K. m. Kohlenstaubfeuerung und Abzug von flüssiger Schlacke (Schmelzkessel)
Abhitze-Kessel
Behälter und Speicher
druckloser Behälter
B. geschlossen mit Gasschutz
B. für Überdruck
Wasserspeicher mit Mischvorwärmer
Gefällespeicher (Ruthsspeicher)
Verschiedene Betriebseinrichtungen
Dampfstrahlapparat zur Luftabsaugung
Injektor
Kondenswasserableiter
Wärmeaustauscher
Speisewasservorwärmer rauchgasbeheizt
dampfbeheizt
Dampfüberhitzer d. kond. Dampf
Wasservorwärmer warmwasserbeheizt
Dampfüberhitzer d. strömenden Dampf
Chemische Aufbereitung
allgemein
allg.
Flüssigkeitsfilter
mechan. Reinigung (Kiesfilter)
Aktiv-Kohle-filter zur Entölung
Filter mit chem. Umsetzung
NaCl
H2SO4

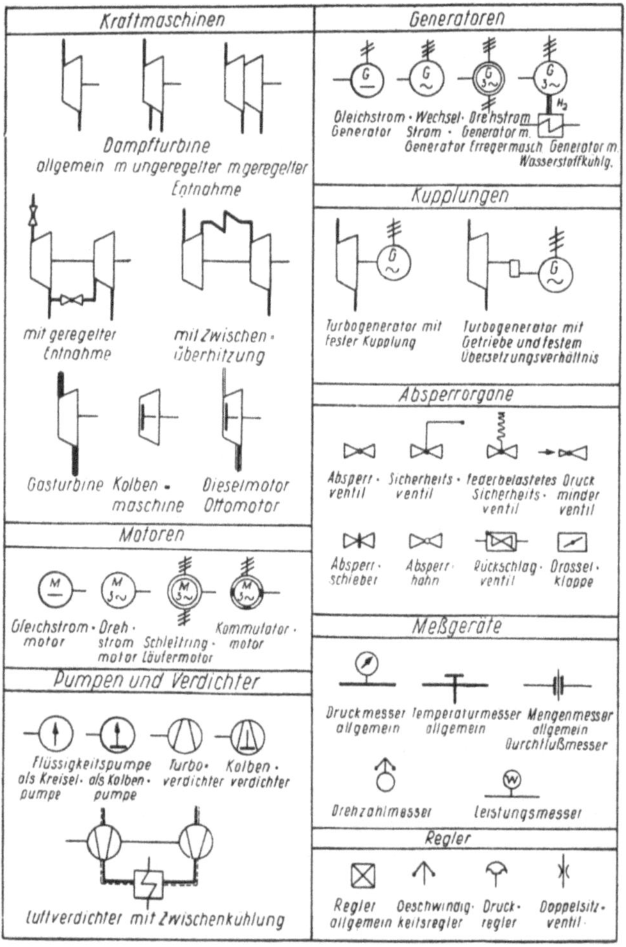
Kraftmaschinen
Dampfturbine
allgemein m ungeregelter m geregelter
Entnahme
mit geregelter Entnahme
mit Zwischen-überhitzung
Gasturbine
Kolben-maschine
Dieselmotor Ottomotor
Motoren
Gleichstrom-motor
Dreh-strom motor
Schleifring-Läufermotor
Kommutator-motor
Pumpen und Verdichter
Flüssigkeitspumpe als Kreisel-pumpe
als Kolben-pumpe
Turbo-verdichter
Kolben-verdichter
Luftverdichter mit Zwischenkühlung
Generatoren
Gleichstrom-Generator
Wechsel-Strom-Generator
Drehstrom Generator m. Erregermasch.
Generator m. Wasserstoffkühlg.
Kupplungen
Turbogenerator mit fester Kupplung
Turbogenerator mit Getriebe und festem Übersetzungsverhältnis
Absperrorgane
Absperr-ventil
Sicherheits-ventil
federbelastetes Sicherheits-ventil
Druck minder ventil
Absperr-schieber
Absperr-hahn
Rückschlag-ventil
Drossel-klappe
Meßgeräte
Druckmesser allgemein
Temperaturmesser allgemein
Mengenmesser allgemein Durchflußmesser
Drehzahlmesser
Leistungsmesser
Regler
Regler allgemein
Geschwindig-keitsregler
Druck-regler
Doppelsitz-ventil

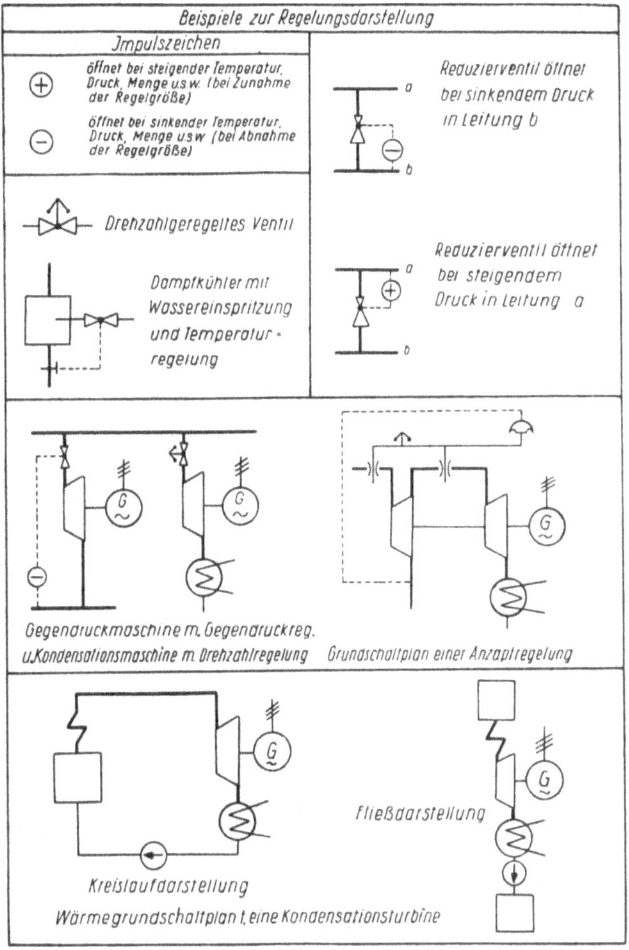
Beispiele zur Regelungsdarstellung
Jmpulszeichen
öffnet bei steigender Temperatur, Druck, Menge u.s.w. (bei Zunahme der Regelgröße)
öffnet bei sinkender Temperatur, Druck, Menge u.s.w. (bei Abnahme der Regelgröße)
Reduzierventil öffnet bei sinkendem Druck in Leitung b
a
b
Drehzahlgeregeltes Ventil
Dampfkühler mit Wassereinspritzung und Temperatur-regelung
Reduzierventil öffnet bei steigendem Druck in Leitung a
a
b
G
Gegendruckmaschine m. Gegendruckreg. u. Kondensationsmaschine m. Drehzahlregelung
Grundschaltplan einer Anzapfregelung
G
Kreislaufdarstellung
Wärmegrundschaltplan f. eine Kondensationsturbine
Fließdarstellung

H&B
MESS- UND REGELTECHNIK
Elektrische, wärmetechnische, chemisch-technische, medizinische und elektronische Meßgeräte aller Art
Vollständige Meß- Regel- und Fernsteueranlagen jeden Ausmaßes
HARTMANN & BRAUN AG FRANKFURT / MAIN

SAMMLUNG GÖSCHEN

GESAMTVERZEICHNIS

Jeder Band DM 3,60 · Doppelband DM 5,80
Dreifachband DM 7,80

Frühjahr 1966

WALTER DE GRUYTER & CO · BERLIN 30

Inhaltsübersicht

Geisteswissenschaften

Philosophie

Einführung in die Philosophie von *H. Leisegang †*. 5. Auflage. 146 Seiten. 1963. (281)

Hauptprobleme der Philosophie von *G. Simmel †*. 8., unveränderte Auflage. 177 Seiten. 1964. (500)

Geschichte der Philosophie

I: Die griechische Philosophie von *W. Capelle*. 1. Teil. Von Thales bis Leukippos. 3., erweiterte Auflage. Etwa 135 Seiten. 1966. (857)

II: Die griechische Philosophie von *W. Capelle*. 2. Teil. Von der Sophistik bis zum Tode Platons. 3., stark erweiterte Auflage. Etwa 144 Seiten. 1966. In Vorbereitung (858)

III: Die griechische Philosophie von *W. Capelle*. 3. Teil. Vom Tode Platons bis zur Alten Stoa 2., stark erweiterte Auflage. 132 Seiten. 1954. (859)

IV: Die griechische Philosophie von *W. Capelle*. 4. Teil. Von der Alten Stoa bis zum Eklektizismus im 1. Jh. v. Chr. 2., stark erweiterte Auflage. 132 Seiten 1954. (863)

V: Die Philosophie des Mittelalters von *J. Koch*. In Vorbereitung. (826)

VI: Von der Renaissance bis Kant von *K. Schilling*. 234 Seiten. 1954. (394/394a)

VII: Immanuel Kant von *G. Lehmann*. In Vorbereitung. (536)

VIII: Die Philosophie des 19. Jahrhunderts von *G. Lehmann*. 1. Teil. 15 Seiten. 1953. (571)

IX: Die Philosophie des 19. Jahrhunderts von *G. Lehmann*. 2. Teil. 168 Seiten. 1953. (709)

X: Die Philosophie im ersten Drittel des 20. Jahrhunderts 1. Teil von *G. Lehmann*. 128 Seiten. 1957. (845)

XI: Die Philosophie im ersten Drittel des 20. Jahrhunderts 2. Teil von *G. Lehmann*. 114 Seiten. 1960. (850)

Die geistige Situation der Zeit (1931) von *K. Jaspers*. 6. Abdruck der im Sommer 1932 bearbeiteten 5. Auflage. 211 Seiten. 1965. (1000)

Erkenntnistheorie von *G. Kropp*.
1. Teil: Allgemeine Grundlegung. 143 Seiten. 1950. (807)

Formale Logik von *P. Lorenzen*. 3., verbesserte Auflage. Etwa 165 Seiten. 1966. (1176/1176a)

Philosophisches Wörterbuch von *M. Apel †*. 5., völlig neu bearbeitete Auflage von *P. Ludz*. 315 Seiten. 1958. (1031/1031a)

Philosophische Anthropologie. Menschliche Selbstdeutung in Geschichte und Gegenwart von *M. Landmann*. 2., durchgesehene Auflage. 223 Seiten. 1964. (156/156a)

Pädagogik, Psychologie, Soziologie

Geschichte der Pädagogik von *Herm. Weimer* 17. Auflage von *Heinz Weimer*. 184 Seiten. 1966. (145/145a)

Therapeutische Psychologie. Ihr Weg durch die Psychoanalyse von *W. M. Kranefeldt*. Mit einer Einführung von *C. G. Jung*. 3. Auflage. 152 Seiten. 1956. (1034)

Allgemeine Psychologie von *Th. Erismann* †. 4 Bände.
I: Grundprobleme. 3. Auflage. 146 Seiten. 1965. (831)
II: Grundarten des psychischen Geschehens. 2., neubearbeitete Auflage. 248 Seiten. 1959. (832/832a)
III: Experimentelle Psychologie und ihre Grundlagen. 1. Teil. 2., neubearbeitete Auflage. 112 Seiten, 7 Abbildungen. 1962. (833)
IV: Experimentelle Psychologie und ihre Grundlagen. 2. Teil. 2., neubearbeitete Auflage. 199 Seiten, 20 Abbildungen. 1962. (834/834a)

Soziologie. Geschichte und Hauptprobleme von *L. von Wiese*. 7. Auflage. 176 Seiten. 1964. (101)

Ideengeschichte der sozialen Bewegung des 19. und 20. Jh. von *W. Hofmann*. 243 Seiten. 1962. (1205/1205a)

Sozialpsychologie von *P R. Hofstätter*. 2. Auflage. 191 Seiten, 18 Abbildungen. 1964. (104/104a)

Psychologie des Berufs- und Wirtschaftslebens von *W. Moede* †. 190 Seiten, 48 Abbildungen. 1958. (851/851a)

Industrie- und Betriebssoziologie von *R. Dahrendorf*. 3. Auflage. 142 Seiten. 3 Figuren. 1965. (103)

Wirtschaftssoziologie von *F. Fürstenberg*. 122 Seiten. 1961. (1193)

Einführung in die Sozialethik von *H.-D. Wendland*. 144 S. 1963. (1203)

Religion

Jesus von *M. Dibelius* †. 3. Auflage, mit einem Nachtrag von *W. G. Kümmel*. 140 Seiten. 1960. (1130)

Paulus von *M. Dibelius* †. Nach dem Tode des Verfassers herausgegeben und zu Ende geführt von *W. G. Kümmel*. 3., durchgesehene Auflage. 156 Seiten. 1964. (1160)

Luther von *F Lau* 2., verbesserte und erweiterte Auflage. Etwa 170 Seiten. 1966. (1187)

Melanchthon von *R. Stuperich*. 139 Seiten. 1960. (1190)

Zwingli von *F. Schmidt-Clausing*. 119 Seiten. 1965. (1219)

Sören Kierkegaard. Leben u. Werk von *H. Gerdes*. 134 Seiten. 1966. (1221)

Einführung in die Konfessionskunde der orthodoxen Kirchen von *K. Onasch*. 291 Seiten. 1962. (1197/1197a)

Geschichte des christlichen Gottesdienstes von *W. Nagel*. 215 Seiten. 1962. (1202/1202a)

Geschichte Israels. Von den Anfängen bis zur Zerstörung des Tempels (70 n.Chr.) von *E.L. Ehrlich*. 2. Aufl. 1966. In Vorbereitung. (231/231a)

Römische Religionsgeschichte von *F. Altheim*. 2 Bände. 2., umgearbeitete Auflage.
I: Grundlagen und Grundbegriffe. 116 Seiten. 1956. (1035)
II: Der geschichtliche Ablauf. 164 Seiten. 1956. (1052)

Die Religion des Buddhismus von *D. Schlingloff*. 2 Bände.
I: Der Heilsweg des Mönchstums. 122 Seiten, 11 Abbildungen, 1 Karte. 1962. (174)
II: Der Heilsweg für die Welt. 129 Seiten, 9 Abbildungen, 1 Karte. 1963. (770)

Musik

Musikästhetik von *H. J. Moser.* 180 Seiten. Mit zahlreichen Notenbeispielen. 1953. (344)
Systematische Modulation von *R. Hernried.* 2. Auflage. 136 Seiten. Mit zahlreichen Notenbeispielen. 1950. (1094)
Der polyphone Satz von *E. Pepping.* 2 Bände.
I: Der cantus-firmus-Satz. 2. Auflage. 233 Seiten. Mit zahlreichen Notenbeispielen. 1950. (1148)
II: Übungen im doppelten Kontrapunkt und im Kanon. 137 Seiten. Mit zahlreichen Notenbeispielen. 1957. (1164/1164a)
Allgemeine Musiklehre von *H. J. Moser.* 2., durchgesehene Auflage. 155 Seiten. Mit zahlreichen Notenbeispielen. 1955. (220/220a)
Harmonielehre von *H. J. Moser.* 2 Bände.
I: 109 Seiten. Mit 120 Notenbeispielen. 1954. (809)
II: In Vorbereitung. (810)
Die Musik des 19. Jahrhunderts von *W. Oehlmann.* 180 Seiten. 1953. (170)
Die Musik des 20. Jahrhunderts von *W. Oehlmann.* 312 Seiten. 1961. (171/171a)
Technik der deutschen Gesangskunst von *H. J. Moser.* 3., durchgesehene und verbesserte Auflage. 144 Seiten, 5 Figuren sowie Tabellen und Notenbeispiele. 1954. (576/576a)
Die Kunst des Dirigierens von *H. W. von Waltershausen †.* 2., vermehrte Auflage. 138 Seiten. Mit 19 Notenbeispielen 1954. (1147)
Die Technik des Klavierspiels aus dem Geiste des musikalischen Kunstwerkes von *K. Schubert †.* 3. Auflage. 110 Seiten. Mit Notenbeispielen. 1954. (1045)

Kunst

Stilkunde von *H. Weigert.* 2 Bände. 3., durchgesehene und ergänzte Auflage.
I: Vorzeit, Antike, Mittelalter. 136 Seiten, 94 Abbildungen. 1958. (80)
II: Spätmittelalter und Neuzeit. 150 Seiten, 88 Abbildungen. 1958. (781)
Archäologie von *A. Rumpf.* 3 Bände.
I: Einleitung, historischer Überblick. 143 Seiten, 6 Abbildungen, 12 Tafeln. 1953. (538)
II: Die Archäologensprache. Die antiken Reproduktionen. 136 Seiten. 7 Abbildungen, 12 Tafeln. 1956. (539)
III: In Vorbereitung. (540)

Geschichte

Einführung in die Geschichtswissenschaft von *P. Kirn.* 4., durchgesehene Auflage. 127 Seiten. 1963. (270)
Einführung in die Zeitgeschichte von *B. Scheurig.* 101 Seiten. 1962. (1204)

GEISTESWISSENSCHAFTEN

Zeitrechnung der römischen Kaiserzeit, des Mittelalters und der Neuzeit für die Jahre 1—2000 n. Chr. von *H. Lietzmann †*. 3. Auflage, durchgesehen von *K. Aland*. 130 Seiten. 1956. (1085)

Kultur der Urzeit von *F. Behn*. Bände. 4. Auflage der Kultur der Urzeit Bd. 1—3 von *M. Hoernes*.

I: Die vormetallischen Kulturen. (Die Steinzeiten Europas. Gleichartige Kulturen i anderen Erdteilen.) 172 Seiten, 48 Abbildungen. 1950. (564)

II: Die älteren Metallkulturen. (Der Beginn der Metallbenutzung, Kupfer- und Bronzezeit in Europa, im Orient und in Amerika.) 160 Seiten, 67 Abbildungen. 1950. (565)

III: Die jüngeren Metallkulturen. (Das Eisen als Kulturmetall, Hallstatt-Latene-Kultur in Europa. Das erste Auftreten des Eisens in den anderen Weltteilen.) 149 Seiten, 60 Abbildungen. 1950. (566)

Vorgeschichte Europas von *F. Behn*. Völlig neue Bearbeitung der 7. Auflage der „Urgeschichte der Menschheit" von *M. Hoernes*. 125 Seiten, 47 Abbildungen. 1949. (42)

Der Eintritt der Germanen in die Geschichte von *J. Haller †*. 3. Auflage, durchgesehen von *H. Dannenbauer*. 120 Seiten, 6 Kartenskizzen. 1957. (1117)

Von den Karolingern zu den Staufern. Die altdeutsche Kaiserzeit (900—1250) von *J. Haller †*. 4., durchgesehene Auflage von *H. Dannenbauer*. 142 Seiten, 4 Karten. 1958. (1065)

Von den Staufern zu den Habsburgern. Auflösung des Reichs und Emporkommen der Landesstaaten (1250 —1519) von *J. Haller †*. 2., durchgesehene Auflage von *H. Dannenbauer*. 118 Seiten, 6 Kartenskizzen. 1960. (1077)

Deutsche Geschichte im Zeitalter der Reformation, der Gegenreformation und des dreißigjährigen Krieges von *F. Hartung*. 2., durchgesehene Auflage. 128 Seiten. 1963 (1105)

Deutsche Geschichte von 1648—1740. Politischer und geistiger Wiederaufbau von *W. Treue*. 120 Seiten. 1956. (35)

Deutsche Geschichte von 1713—1806. Von der Schaffung des europäischen Gleichgewichts bis zu Napoleons Herrschaft von *W. Treue*. 168 Seiten. 1957. (39)

Deutsche Geschichte von 1806—1890. Vom Ende des alten bis zur Höhe des neuen Reiches von *W. Treue*. 128 Seiten. 1961. (893)

Deutsche Geschichte von 1890 bis zur Gegenwart von *W. Treue*. In Vorbereitung. (894)

Quellenkunde der Deutschen Geschichte im Mittelalter (bis zur Mitte des 15. Jahrhunderts) von *K. Jacob †*. 3 Bände.

I: Einleitung. Allgemeiner Teil. Die Zeit der Karolinger. 6. Auflage, bearbeitet von *H. Hohenleutner*. 127 Seiten. 1959. (279)

II: Die Kaiserzeit (911—1250). 5. Auflage, neubearbeitet von *H. Hohenleutner*. 141 Seiten. 1961. (280)

III: Das Spätmittelalter (vom Interregnum bis 1500). Herausgegeben von *F. Weden*. 152 Seiten. 1952. (284)

Geschichte Englands von *H. Preller.* 2 Bände.
I: bis 1815. 3., stark umgearbeitete Auflage. 135 Seiten, 7 Stammtafeln, 2 Karten. 1952. (375)
II: Von 1815 bis 1910. 2., völlig umgearbeitete Auflage. 118 Seiten, 1 Stammtafel, 7 Karten. 1954. (1088)

Römische Geschichte von *F. Altheim.* 4 Bände. 2., verbesserte Auflage.
I: Bis zur Schlacht bei Pydna (168 v. Chr.). 124 Seiten. 1956. (19)
II: Bis zur Schlacht bei Actium (31 v. Chr.). 129 Seiten, 1956. (677)
III: Bis zur Schlacht an der Milvischen Brücke (312 n. Chr.). 148 Seiten. 1958. (679)
IV: Bis zur Schlacht am Yarmuk (636 n. Chr.). In Vorbereitung. (684)

Geschichte der Vereinigten Staaten von Amerika von *O. Graf zu Stolberg-Wernigerode.* 192 Seiten, 10 Karten. 1956. (1051/1051a)

Deutsche Sprache und Literatur

Geschichte der Deutschen Sprache von *H. Sperber.* 5., neubearbeitete Auflage von *P. von Polenz.* 136 Seiten. 1966. (915)

Deutsches Rechtschreibungswörterbuch von *M. Gottschald †.* 2., verbesserte Auflage. 219 Seiten. 1953. (200/200a)

Deutsche Wortkunde. Kulturgeschichte des deutschen Wortschatzes von *A. Schirmer.* 5. Auflage von *W. Mitzka.* 125 Seiten. 1965. (929)

Deutsche Sprachlehre von *W. Hofstaetter.* 10. Auflage. Völlige Umarbeitung der 8. Auflage. 150 Seiten. 1960. (20)

Stimmkunde für Beruf, Kunst und Heilzwecke von *H. Biehle.* 111 Seiten. 1955. (60)

Redetechnik. Einführung in die Rhetorik von *H. Biehle.* 2., erweiterte Auflage. 151 Seiten. 1961. (61)

Sprechen und Sprachpflege (Die Kunst des Sprechens) von *H. Feist.* 3. Aufl. Etwa 99 Seiten, 25 Abbildungen. 1966 In Vorbereitung (1122)

Deutsches Dichten und Denken von der germanischen bis zur staufischen Zeit von *H. Naumann †.* (Deutsche Literaturgeschichte vom 5.—13. Jahrhundert.) 3., verbesserte Auflage. 1966 (1121)

Deutsches Dichten und Denken vom Mittelalter zur Neuzeit von *G. Müller* (1270 bis 1700). 3., durchgesehene Auflage. 159 Seiten. In Vorbereitung. (1086)

Deutsches Dichten und Denken von der Aufklärung bis zum Realismus (Deutsche Literaturgeschichte von 1700—1890) von *K. Viëtor †.* 3., durchgesehene Auflage. 159 Seiten. 1958. (1096)

Deutsche Heldensage von *H. Schneider.* 2. Auflage, bearbeitet von *R. Wisniewski.* 148 Seiten. 1964. (32)

Der Nibelunge Nôt in Auswahl mit kurzem Wörterbuch von *K. Langosch.* 11., durchgesehene Auflage. 166 Seiten. 1966. (1)

Kudrun und Dietrich-Epen in Auswahl mit Wörterbuch von *O. L. Jiriczek.* 6. Auflage, bearbeitet von *R. Wisniewski.* 173 Seiten. 1957. (10)

Wolfram von Eschenbach. Parzifal. Eine Auswahl mit Anmerkungen und Wörterbuch von *H. Jantzen.* 3. Auflage, bearbeitet von *H. Kolb.* 128 Seiten. 1966. (921)

Hartmann von Aue. Der arme Heinrich nebst einer Auswahl aus der „Klage" dem „Gregorius" und den Liedern (mit einem Wörterverzeichnis) herausgegeben von *F. Maurer.* 96 Seiten. 1958. (18)

Gottfried von Straßburg. Tristan und Isolde in Auswahl herausgegeben von *F. Maurer.* 2. Auflage. 142 Seiten. 1965. (22)

Die deutschen Personennamen von *M. Gottschald †.* 2., verbesserte Auflage. 151 Seiten. 1955. (422)

Althochdeutsches Elementarbuch. Grammatik und Texte von *H. Naumann †* und *W. Betz.* 4., verbesserte und vermehrte Auflage. 183 Seiten. 1966. In Vorbereitung. (1111/1111a)

Mittelhochdeutsche Grammatik von *H. de Boor* und *R. Wisniewski.* 4., verbesserte und ergänzte Auflage. 150 Seiten. 1965. (1108)

Indogermanisch, Germanisch

Indogermanische Sprachwissenschaft von *H. Krahe.* 2 Bände. 4., überarbeitete Auflage.

I: Einleitung und Lautlehre. 110 Seiten. 1962. (59)

II: Formenlehre. 100 Seiten. 1963. (64)

Sanskrit-Grammatik mit sprachvergleichenden Erläuterungen von *M. Mayrhofer.* 2., völlig neu bearbeitete Auflage. 110 Seiten. 1965. (1158/1158a)

Gotisches Elementarbuch. Grammatik. Texte mit Übersetzung und Erläuterungen von *H. Hempel.* 4., neubearbeitete Auflage. 166 Seiten. 1966. (79/79a)

Altnordisches Elementarbuch. Einführung, Grammatik, Texte (zum Teil mit Übersetzung) und Wörterbuch von *F. Ranke.* 3., völlig umgearb. Auflage von *D. Hofmann.* Etwa 180 Seiten. 1966. Im Druck. (1115/1115a)

Germanische Sprachwissenschaft von *H. Krahe.* 3 Bände.

I: Einleitung und Lautlehre. 5., überarbeitete Auflage. 147 Seiten. 1963. (238)

II: Formenlehre. 5., verbesserte Auflage. 149 Seiten. 1965. (780)

III: Wortbildungslehre von *W. Meid.* Etwa 240 Seiten. 1966. (1218/1218a/1218b)

Englisch, Romanisch

Altenglisches Elementarbuch. Einführung, Grammatik, Texte mit Übersetzung und Wörterbuch von *M. Lehnert.* 6., verbesserte Auflage. 178 Seiten. 1965. (1125)

Historische neuenglische Laut- und Formenlehre von *E. Ekwall.* 4., verbesserte Auflage. 150 Seiten. 1965. (735)

Englische Phonetik von *H. Mutschmann †.* 2. Auflage, bearbeitet von *G. Scherer.* 127 Seiten. 1963. (601)

Englische Literaturgeschichte von *F. Schubel.* 4 Bände.

I: Die alt- und mittelenglische Periode. 163 Seiten. 1954. (1114)

II: Von der Renaissance bis zur Aufklärung. 160 Seiten. 1956. (1116)

III: Romantik und Viktorianismus. 160 Seiten. 1960. (1124)

Beowulf von *M. Lehnert.* Eine Auswahl mit Einführung, teilweiser Übersetzung, Anmerkungen und etymologischem Wörterbuch. 3., verbesserte Auflage. 135 Seiten. 1959. (1135)

Shakespeare von *P. Meißner †.* 2. Auflage, neubearbeitet von *M. Lehnert.* 136 Seiten. 1954. (1142)

Romanische Sprachwissenschaft von *H. Lausberg.* 4 Bände.
I: Einleitung und Vokalismus. 2., durchgesehene Auflage. 211 Seiten. 1963. (128/128a)
II: Konsonantismus. 2. Auflage. In Vorbereitung. (250)
III: Formenlehre. 1. Teil. 99 Seiten. 1962. (1199)
III: Formenlehre. 2. Teil. S. 99—260. 1962. (1200/1200a)
IV: Wortlehre. In Vorbereitung. (1208)

Griechisch, Lateinisch

Griechische Sprachwissenschaft von *W. Brandenstein.* 3 Bände.
I: Einleitung, Lautsystem, Etymologie. 160 Seiten. 1954. (117)
II: Wortbildung und Formenlehre. 192 Seiten. 1959. (118/118a)
III: Syntax I. Einleitung. Die Flexibilien. 145 Seiten. 1966. (924/924a)

Geschichte der griechischen Sprache. 2 Bände
I: Bis zum Ausgang der klassischen Zeit von *O. Hoffmann †.* 3. Auflage, bearbeitet von *A. Debrunner †.* 156 Seiten. 1953. (111)
II: Grundfragen und Grundzüge des nachklassischen Griechisch von *A. Debrunner †.* 144 Seiten. 1954. (114)

Geschichte der griechischen Literatur von *W. Nestle.* 2 Bände. 3. Auflage, bearbeitet von *W. Liebich.*
I: 144 Seiten. 1961. (70)
II: 149 Seiten. 1963. (557)

Grammatik der neugriechischen Volkssprache von *J. Kalitsunakis.* 3., wesentlich erweiterte und verbesserte Auflage. 196 Seiten. 1963. (756/756a)

Neugriechisch-deutsches Gesprächsbuch von *J. Kalitsunakis.* 2. Auflage, bearbeitet von *A. Steinmetz.* 99 Seiten. 1960. (587)

Geschichte der lateinischen Sprache von *F. Stolz* und *A. Debrunner †.* 4. Auflage, bearbeitet von *W. P. Schmid.* 1966. In Vorbereitung. (492/492a

Geschichte der römischen Literatur von *L. Bieler.* 2., verbesserte Auflage. 2 Bände.
I: Die Literatur der Republik. 160 Seiten. 1965. (52)
II: Die Literatur der Kaiserzeit. 133 Seiten. 1965. (866)

Orientalistik, Slavische Sprachen

Die Keilschrift von *B. Meissner.* 3. Auflage, neubearbeitet von *K. Oberhuber.* Etwa 150 Seiten. 1966. (708/708a/708b)

Die Hieroglyphen von *A. Erman.* 3. Auflage, neu bearbeitet von *O. Krückmann.* 1966. In Vorbereitung. (608/608a/608b)

Hebräische Grammatik von *R. Meyer*. 3 Bände.
I: Einleitung, Schrift- und Lautlehre. 3., neubearbeitete Auflage. 120 Seiten. 1966. (763/763a/763b)
II: Formenlehre und Flexionstabellen. 3. Auflage. In Vorbereitung. (764/764a/764b)
III: Satzlehre. In Vorbereitung (765/765a/765b)

Hebräisches Textbuch zu *G. Beer-R. Meyer*, Hebräische Grammatik von *R. Meyer*. 170 Seiten. 1960. (769/769a)

Slavische Sprachwissenschaft von *H. Bräuer*. 2 Bände.
I: Einleitung, Lautlehre. 221 Seiten. 1961. (1191/1191a)

Vergleichende Geschichte der slavischen Literaturen von *D. Tschižewskij*. 2 Bände. 1966. In Vorbereitung.
I: Einführung. Anfänge des slavischen Schrifttums bis zum Klassizismus. (1222)
II: Romantik bis zur Moderne. (1223)

Russische Grammatik von *E. Berneker* †. 6., verbesserte Auflage von *M. Vasmer* †. 155 Seiten. 1961. (66)

Polnische Grammatik von *N. Damerau*. Etwa 140 Seiten. 1966. (942/942a)

Erd- und Länderkunde, Kartographie

Afrika von *F. Jaeger*. Ein geographischer Überblick. 2 Bände. 3. Auflage.
I: Der Lebensraum. 179 Seiten, 18 Abbildungen. In Vorbereitung. (910)
II: Mensch und Kultur. 155 Seiten, 6 Abbildungen. In Vorbereitung. (911)

Australien und Ozeanien von *H. J. Krug*. 176 Seiten, 46 Skizzen. 1953. (319)

Kartographie von *V. Heissler*. 2. Auflage. 213 Seiten, 125 Abb., 8 Anlagen. 1966. (30/30a)

Volkswirtschaft, Statistik, Publizistik

Allgemeine Betriebswirtschaftslehre von *K. Mellerowicz*. 4 Bände. 11. und 12., durchgesehene Auflage.
I: 224 Seiten. 1964. (1008/1008a)
II: 188 Seiten. 1966. (1153/1153a)
III: 260 Seiten. 1963. (1154/1154a)
IV: 209 Seiten. 1963. (1186/1186a)

Allgemeine Volkswirtschaftslehre von *A. Paulsen*. 4 Bände.
I: Grundlegung, Wirtschaftskreislauf. 7. Auflage. 159 Seiten. 11 Abbildungen. 1966. (1169)
II: Haushalte, Unternehmungen, Marktformen. 7. Auflage. 172 Seiten. 31 Abbildungen. 1966. (1170)
III: Produktionsfaktoren. 4. Auflage. 198 Seiten, 24 Abbildungen. 1965. (1171)
IV: Gesamtbeschäftigung, Konjunkturen, Wachstum. 4., neubearbeitete und ergänzte Auflage. 188 Seiten. 1966. (1172)

Geschichte der Volkswirtschaftslehre von *S. Wendt.* 182 S. 1961. (1194)
Allgemeine Volkswirtschaftspolitik von *H. Ohm.* 2 Bände.
I: Systematisch-Theoretische Grundlegung. 2., verbesserte und ergänzte Auflage. 137 Seiten, 6 Abbildungen. 1965. (1195)
II: Der volkswirtschaftliche Gesamtorganismus als Objekt der Wirtschaftspolitik. In Vorbereitung. (1196)
Finanzwissenschaft von *H. Kolms.* 4 Bände.
I: Grundlegung, Öffentliche Ausgaben. 3., verbesserte Auflage. 159 Seiten. 1966. (148)
II: Erwerbseinkünfte, Gebühren und Beiträge, Allgemeine Steuerlehre. 3., verbesserte Auflage. 148 Seiten. 1966. In Vorbereitung (391)
III: Besondere Steuerlehre. 178 Seiten. 1962. (776)
IV: Öffentlicher Kredit. Öffentlicher Haushalt. Finanzausgleich. 191 Seiten. 1964. (782/782a)
Finanzmathematik von *M. Nicolas.* 192 Seiten, 11 Tafeln, 8 Tabellen und 72 Beispiele. 1959. (1183/1183a)
Buchhaltung und Bilanz von *E. Kosiol.* 170 Seiten. 1964. (1213/1213a)
Industrie- und Betriebssoziologie von *R. Dahrendorf.* 3. Auflage. 142 Seiten, 3 Figuren. 1965. (103)
Wirtschaftssoziologie von *F. Fürstenberg.* 122 Seiten. 1961. (1193)
Psychologie des Berufs- und Wirtschaftslebens von *W. Moede†.* 190 Seiten, 48 Abbildungen. 1958. (851/851a)
Einführung in die Arbeitswissenschaft von *H. H. Hilf.* 169 Seiten, 57 Abbildungen. 1964. (1212/1212a)
Allgemeine Methodenlehre der Statistik von *J. Pfanzagl.* 2 Bände.
I: Elementare Methoden unter besonderer Berücksichtigung der Anwendungen in den Wirtschafts- und Sozialwissenschaften. 3., neubearbeitete Auflage. 266 Seiten, 50 Abbildungen. 1966. (746/746a)
II: Höhere Methoden unter besonderer Berücksichtigung der Anwendungen in Naturwissenschaften, Medizin und Technik. 2., verbesserte Auflage. 315 Seiten, 41 Abbildungen. 1966. (747/747a)
Zeitungslehre von *E. Dovifat.* 2 Bände. 4., neubearbeitete Auflage.
I: Theoretische und rechtliche Grundlagen — Nachricht und Meinung — Sprache und Form. 149 Seiten. 1962. (1039)
II: Redaktion — Die Sparten: Verlag und Vertrieb, Wirtschaft und Technik — Sicherung der offentlichen Aufgabe. 168 Seiten. 1962. (1040)

Naturwissenschaften

Mathematik

Geschichte der Mathematik von *J. E. Hofmann*. 4 Bände.
I: Von den Anfängen bis zum Auftreten von Fermat und Descartes. 2., verbesserte und vermehrte Auflage. 251 Seiten. 1963. (226/226a)
II: Von Fermat und Descartes bis zur Erfindung des Calculus und bis zum Ausbau der neuen Methoden. 109 Seiten. 1957. (875)
III: Von den Auseinandersetzungen um den Calculus bis zur französischen Revolution. 107 Seiten. 1957. (882)
IV: Geschichte der Mathematik der neuesten Zeit von *N. Stuloff*. In Vorbereitung. (883)

Mathematische Formelsammlung von *F. O. Ringleb*. 8., erweiterte Auflage. Etwa 320 Seiten. 40 Figuren. 1966. (51/51a)

Vierstellige Tafeln und Gegentafeln für logarithmisches und trigonometrisches Rechnen in zwei Farben zusammengestellt von *H. Schubert* und *R. Haussner*. 3., neubearbeitete Auflage von *J. Erlebach*. 158 Seiten. 1960. (81)

Fünfstellige Logarithmen mit mehreren graphischen Rechentafeln und häufig vorkommenden Zahlenwerten von *A. Adler*. 4. Auflage, überarbeitet von *J. Erlebach*. 127 Seiten, 1 Tafel. 1962. (423)

Arithmetik von *P. B. Fischer†*. 3. Auflage von *H. Rohrbach*. 152 Seiten, 19 Abbildungen. 1958. (47)

Höhere Algebra von *H. Hasse*. 2 Bände.
I: Lineare Gleichungen. 5., neubearbeitete Auflage. 150 Seiten. 1963. (931)
II: Gleichungen höheren Grades. 4., durchgesehene Auflage. 158 Seiten, 5 Figuren. 1958. (932)

Aufgabensammlung zur höheren Algebra von *H. Hasse* und *W. Klobe*. 3., verbesserte Auflage. 183 Seiten. 1961. (1082)

Elementare und klassische Algebra vom modernen Standpunkt von *W. Krull*. 2 Bände.
I: 3., erweiterte Auflage. 148 Seiten. 1963. (930)
II: 132 Seiten. 1959. (933)

Lineare Programmierung von *H. Langen*. Etwa 200 Seiten. (1206/1206a)

Algebraische Kurven und Flächen von *W. Burau*. 2 Bände.
I: Algebraische Kurven der Ebene. 153 Seiten, 28 Abbildungen. 1962. (435)
II: Algebraische Flächen 3. Grades und Raumkurven 3. und 4. Grades. 162 Seiten, 17 Abbildungen. 1962. (436/436a)

Einführung in die Zahlentheorie von *A. Scholz†*. Überarbeitet und herausgegeben von *B. Schoeneberg*. 4. Auflage. Etwa 128 Seiten. 1966. (1131)

Formale Logik von *P. Lorenzen*. 2., verbesserte Auflage. Etwa 165 Seiten. 1962. (1176/1176a)

Topologie von *W. Franz.* 2 Bände.
I: Allgemeine Topologie. 2., verbesserte Auflage. 144 Seiten, 9 Figuren. 1965. (1181)
II: Algebraische Topologie. 153 Seiten. 1965. (1182/1182a)

Elemente der Funktionentheorie von *K. Knopp†.* 7. Auflage. 144 Seiten, 23 Figuren. 1966. (1109)

Funktionentheorie von *K. Knopp†.* 2 Bände. 11. Auflage.
I: Grundlagen der allgemeinen Theorie der analytischen Funktionen. 144 Seiten, 8 Figuren. 1965. (668)
II: Anwendungen und Weiterführung der allgemeinen Theorie. 130 Seiten, 7 Figuren. 1965. (703)

Aufgabensammlung zur Funktionentheorie von *K. Knopp†.* 2 Bände.
I: Aufgaben zur elementaren Funktionentheorie. 7. Auflage. 135 Seiten. 1965. (877)
II: Aufgaben zur höheren Funktionentheorie. 6. Auflage 151 Seiten. 1964. (878)

Differential- und Integralrechnung von *M. Barner.* (Früher *Witting*). 4 Bände.
I: Grenzwertbegriff, Differentialrechnung. 2., durchgesehene Auflage. 176 Seiten, 39 Figuren. 1963. (86)

Gewöhnliche Differentialgleichungen von *G. Hoheisel.* 7., neubearbeitete und erweiterte Auflage. 142 Seiten. 1965. (920/920a)

Partielle Differentialgleichungen von *G. Hoheisel.* 4., durchgesehene Auflage. 128 Seiten. 1960. (1003)

Aufgabensammlung zu den gewöhnlichen und partiellen Differentialgleichungen von *G. Hoheisel.* 4., neubearbeitete Auflage. 153 Seiten. 1964. (1059/1059a)

Integralgleichungen von *G. Hoheisel.* 2., neubearbeitete und erweiterte Auflage. 112 Seiten. 1963. (1099)

Mengenlehre von *E. Kamke.* 5. Auflage. 194 Seiten, 6 Figuren. 1965. (999/999a)

Gruppentheorie von *L. Baumgartner.* 4., erweiterte Auflage. 190 Seiten, 3 Tafeln. 1964. (837/837a)

Ebene und sphärische Trigonometrie von *G. Hessenberg†.* 5. Auflage, durchgesehen von *H. Kneser.* 172 Seiten, 60 Figuren. 1957. (99)

Darstellende Geometrie von *W. Haack.* 3 Bände.
I: Die wichtigsten Darstellungsmethoden. Grund- und Aufriß ebenflächiger Körper. 5. Auflage. 113 Seiten, 120 Abbildungen. 1965. (142)
II: Körper mit krummen Begrenzungsflächen. Kotierte Projektionen. 4., durchgesehene Auflage. 129 Seiten, 86 Abbildungen. 1965. (143)
III: Axonometrie und Perspektive. 3. Auflage. 129 Seiten, 100 Abbildungen. 1965. (144)

Analytische Geometrie von *K. P. Grotemeyer.* 3., neubearbeitete Auflage. 218 Seiten, 73 Abbildungen. 1964. (65/65a)

Nichteuklidische Geometrie. Hyperbolische Geometrie der Ebene von *R. Baldus†.* 4. Auflage, bearbeitet und ergänzt von *F. Löbell.* 158 Seiten, 75 Figuren. 1964. (970/970a)

Differentialgeometrie von *K. Strubecker.* 3 Bände.
I: Kurventheorie der Ebene und des Raumes. 2., erweiterte Auflage. 253 Seiten, 45 Figuren. 1964. (1113/1113a)
II: Theorie der Flächenmetrik. 195 Seiten, 14 Figuren. 1958. (1179/1179a)
III: Theorie der Flächenkrümmung. 254 Seiten, 38 Figuren. 1959. (1180/1180a)

Variationsrechnung von *L. Koschmieder.* 2 Bände. 2., neubearbeitete Auflage.
I: Das freie und gebundene Extrem einfacher Grundintegrale. 128 Seiten, 23 Figuren. 1962. (1074)
II: Anwendung klassischer Verfahren auf allgemeine Fragen des Extrems. — Neuere unmittelbare Verfahren. In Vorbereitung. (1075)

Einführung in die konforme Abbildung von *L. Bieberbach.* 6. Auflage. Etwa 180 Seiten, 42 Figuren. 1966. In Vorbereitung. (768/768a)

Vektoren und Matrizen von *S. Valentiner.* 3. Auflage. (10., erweiterte Auflage der „Vektoranalysis"). Mit Anhang: Aufgaben zur Vektorrechnung von *H. König.* 206 Seiten, 35 Figuren. 1963. (354/354a)

Wahrscheinlichkeitstheorie und Grundzüge der Maßtheorie von *H. Bauer.* 2 Bände.
I: 154 Seiten. 1964. (1216/1216a)
II: In Vorbereitung. (1217)

Versicherungsmathematik von *F. Böhm.* 2 Bände.
I: Elemente der Versicherungsrechnung. 3., vermehrte und verbesserte Auflage. Durchgesehener Neudruck. 151 Seiten. 1953. (180)
II: Lebensversicherungsmathematik. Einführung in die technischen Grundlagen der Sozialversicherung. 2., verbesserte und vermehrte Auflage. 205 Seiten. 1953. (917/917a)

Finanzmathematik von *M. Nicolas.* 192 Seiten, 11 Tafeln, 8 Tabellen und 72 Beispiele. 1959. (1183/1183a)

Kinematik von *H. R. Müller.* 171 Seiten, 75 Figuren. 1963. (584/584a)

Physik

Einführung in die theoretische Physik von *W. Döring.* 5 Bände.
I: Mechanik. 3., verbesserte Aufl. 125 Seiten, 23 Abb. 1965. (76)
II: Das elektromagnetische Feld. 2., verbesserte Auflage. 132 Seiten, 15 Abbildungen. 1962. (77)
III: Optik. 2., verbesserte Auflage. 117 Seiten, 32 Abbildungen. 1963. (78)
IV: Thermodynamik. 2., verbesserte Auflage. 107 Seiten, 9 Abbildungen. 1964. (374)
V: Statistische Mechanik. 2., verbesserte Auflage. 114 Seiten, 12 Abbildungen. 1966. (1017)

Mechanik deformierbarer Körper von *M. Päsler.* 199 Seiten, 48 Abbildungen. 1960. (1189/1189a)

Atomphysik von *K. Bechert, Ch. Gerthsen†* und *A. Flammersfeld*. 7 Bände. 4., durchgesehene Auflage.
I: Allgemeine Grundlagen. 1. Teil von *A. Flammersfeld*. 124 Seiten, 35 Abbildungen. 1959. (1009)
II: Allgemeine Grundlagen. 2. Teil von *A. Flammersfeld*. 112 Seiten, 47 Abbildungen. 1963. (1033)
III: Theorie des Atombaus. 1. Teil von *K. Bechert*. 148 Seiten, 16 Abbildungen. 1963. (1123/1123a)
IV: Theorie des Atombaus. 2. Teil von *K. Bechert*. 170 Seiten, 14 Abbildungen. 1963. (1165/1165a)

Differentialgleichungen der Physik von *F. Sauter*. 4., durchgesehene und ergänzte Auflage. 148 Seiten, 16 Figuren. 1966. (1070)

Physikalische Formelsammlung von *G. Mahler*. †. Fortgeführt von *K. Mahler*. Neubearbeitet von *H. Graewe*. 11. Auflage. 167 Seiten, 69 Figuren. 1963. (136)

Physikalische Aufgabensammlung mit Ergebnissen von *G. Mahler†*. Fortgeführt von *K. Mahler*. Neubearbeitet von *H. Graewe*. 12. Auflage. 141 Seiten. 1964. (243)

Chemie

Geschichte der Chemie in kurzgefaßter Darstellung von *G. Lockemann*. 2 Bände. 2. Auflage.
I: Vom Altertum bis zur Entdeckung des Sauerstoffs. 142 Seiten, 8 Bildnisse. In Vorbereitung. (264)
II: Von der Entdeckung des Sauerstoffs bis zur Gegenwart. 151 Seiten, 16 Bildnisse. In Vorbereitung (265/265a)

Anorganische Chemie von *W. Klemm*. 13. Auflage. 255 Seiten, 34 Abbildungen. 1964. (37/37a)

Organische Chemie von *W. Schlenk jun.* 10., erweiterte Auflage. 273 Seiten, 16 Abbildungen. 1965. (38/38a)

Physikalische Methoden in der Organischen Chemie von *G. Kresze*. 2 Bände.
I: 119 Seiten, 65 Abbildungen. 1962. (44)
II: 164 Seiten. 1962. (45/45a)

Allgemeine und physikalische Chemie von *W. Schulze*. 2 Bände.
I: 6., verbesserte Auflage. 139 Seiten, 10 Figuren. 1964. (71)
II: 6., verbesserte Auflage. 178 Seiten, 37 Figuren. 1966. (698/698a)

Molekülbau. Theoretische Grundlagen und Methoden der Strukturermittlung von *W. Schulze*. 123 Seiten, 43 Figuren. 1958. (786)

Einfache Versuche zur allgemeinen und physikalischen Chemie von *E. Dehn*. 371 Versuche mit 40 Abbildungen. 272 Seiten. 1962. (1201/1201a)

Physikalisch-chemische Rechenaufgaben von *E. Asmus*. 3., verbesserte Auflage. 96 Seiten. 1958. (445)

Maßanalyse. Theorie und Praxis der klassischen und der elektrochemischen Titrierverfahren von *G. Jander* und *K. F. Jahr*. 10., erweiterte Auflage, mitbearbeitet von *H. Knoll*. 358 Seiten, 56 Figuren. 1963. (221/221a)

Qualitative Analyse von *H. Hofmann* u. *G. Jander*. 2., durchgesehene und verbesserte Auflage. 308 Seiten, 5 Abbildungen. 1963. (247/247a)

Stöchiometrische Aufgabensammlung von *W. Bahrdt†* und *R. Scheer*. Mit den Ergebnissen. 8., durchgesehene Auflage. 119 Seiten. 1964. (452)

Elektrochemie von *K. Vetter*. 2 Bände.
I: In Vorbereitung. (252)
II: In Vorbereitung. (253)

Kristallchemie von *J. Zemann*. Etwa 160 Seiten, 90 Abbildungen. 1966. In Vorbereitung. (1220/1220a)

Technologie

Die Chemie der Kunststoffe von *K. Hamann*, unter Mitarbeit von *W. Funke* und *H. D. Hermann*. 2. Aufl. 143 Seiten. 1966. In Vorbereitung. (1173/1173a)

Warenkunde von *K. Hassak* und *E. Beutel†*. 2 Bände.
I: Anorganische Waren sowie Kohle und Erdöl. 8. Auflage. Neubearbeitet von *A. Kutzelnigg*. 119 Seiten, 18 Figuren. 1958. (222)
II: Organische Waren. 8. Auflage. Vollständig neu bearbeitet von *A. Kutzelnigg*. 157 Seiten, 32 Figuren. 1959. (223)

Die Fette und Öle von *Th. Klug*. 6., verbesserte Auflage. 143 Seiten. 1961. (335)

Die Seifenfabrikation von *K. Braun†*. 3., neubearbeitete und verbesserte Auflage von *Th. Klug*. 116 Seiten, 18 Abbildungen. 1953. (336)

Thermische Verfahrenstechnik von *H. Bock*. 3 Bände.
I: Eigenschaften und Verhalten der realen Stoffe. 164 Seiten, 28 Abbildungen. 1963. (1209/1209a)
II: Funktion und Berechnung der elementaren Geräte. 195 Seiten, 54 Abbildungen. 1964. (1210/1210a)
III: Fließbilder, ihre Funktion und ihr Zusammenbau aus Geräten. 224 Seiten, 67 Abbildungen. 1965. (1211/1211a)

Textilindustrie von *A. Blümcke*.
I: Spinnerei und Zwirnerei. 111 Seiten, 43 Abbildungen. 1954. (184)

Biologie

Einführung in die allgemeine Biologie und ihre philosophischen Grund- und Grenzfragen von *M. Hartmann*. 2., unveränderte Auflage. 132 Seiten, 2 Abbildungen. 1965. (96)

Hormone von *G. Koller*. 2., neubearbeitete und erweiterte Auflage. 187 Seiten, 60 Abbildungen, 19 Tabellen. 1949. (1141)

Fortpflanzung im Tier- und Pflanzenreich von *J. Hämmerling*. 2., ergänzte Auflage. 135 Seiten, 101 Abbildungen. 1951. (1138)

Geschlecht und Geschlechtsbestimmung im Tier- und Pflanzenreich von *M. Hartmann*. 2., verbesserte Auflage. 116 Seiten, 61 Abbildungen, 7 Tabellen. 1951. (1127)

Symbiose der Tiere mit pflanzlichen Mikroorganismen von *P. Buchner.* 2., verbesserte und vermehrte Auflage. 130 Seiten, 121 Abbildungen. 1949. (1128)

Grundriß der allgemeinen Mikrobiologie von *W.* u. *A. Schwartz.* 2 Bände. 2., verbesserte und ergänzte Auflage.
I: 147 Seiten, 25 Abbildungen. 1960. (1155)
II: 142 Seiten, 29 Abbildungen. 1961. (1157)

Botanik

Entwicklungsgeschichte des Pflanzenreiches von *H. Heil.* 2. Auflage. 138 Seiten, 94 Abbildungen, 1 Tabelle. 1950. (1137)

Morphologie der Pflanzen von *L. Geitler.* 3., umgearbeitete Auflage. 126 Seiten, 114 Abbildungen. 1953. (141)

Pflanzengeographie von *L. Diels†.* 5., völlig neu bearbeitete Auflage von *F. Mattick.* 195 Seiten, 2 Karten. 1958. (389/389a)

Die Laubhölzer. Kurzgefaßte Beschreibung der in Mitteleuropa gedeihenden Laubbäume und Sträucher von *F. W. Neger†* und *E. Münch†.* 3., durchgesehene Auflage, herausgegeben von *B. Huber.* 143 Seiten, 63 Figuren, 7 Tabellen. 1950. (718)

Die Nadelhölzer (Koniferen) und übrigen Gymnospermen von *F. W. Neger†* und *E. Münch†.* 4. Auflage, durchgesehen und ergänzt von *B. Huber.* 140 Seiten, 75 Figuren, 4 Tabellen, 3 Karten. 1952. (355)

Pflanzenzüchtung von *H. Kuckuck.* 2 Bände.
I: Grundzüge der Pflanzenzüchtung. 3., völlig umgearbeitete und erweiterte Auflage. 132 Seiten, 22 Abbildungen. 1952. (1134)
II: Spezielle gartenbauliche Pflanzenzüchtung (Züchtung von Gemüse, Obst und Blumen). 178 Seiten, 27 Abbildungen. 1957. (1178/1178a)

Zoologie

Entwicklungsphysiologie der Tiere von *F. Seidel.* 2 Bände.
I: Ei und Furchung. 2. Auflage. Etwa 160 Seiten, 61 Abbildungen. 1966. (1162)
II: Körpergrundgestalt und Organbildung. 2. Auflage. In Vorbereitung (1163)

Vergleichende Physiologie der Tiere von *K. Herter.* 2 Bände. 4. Auflage der „Tierphysiologie".
I: Stoff- und Energiewechsel. Neu bearbeitet von *K. Urich.* 158 Seiten, 61 Abbildungen. 1966. (972/972a)
II: Bewegung und Reizerscheinungen. Neu bearbeitet von *G. Birukow.* In Vorbereitung. (973)

Das Tierreich
I: Einzeller, Protozoen von *E. Reichenow.* 115 Seiten. 59 Abbildungen. 1956. (444)
II: Schwämme und Hohltiere von *H. J. Hannemann.* 95 Seiten, 80 Abbildungen. 1956. (442)

III: Würmer. Platt-, Hohl-, Schnurwürmer, Kamptozoen, Ringelwürmer, Protracheaten, Bärtierchen, Zungenwürmer von *S. Jaeckel.* 114 Seiten, 36 Abbildungen. 1955. (439)
IV, 1: Krebse von *H. E. Gruner* und *K. Deckert.* 114 Seiten, 43 Abbildungen. 1956. (443)
IV, 2: Spinnentiere (Trilobitomorphen, Fühlerlose) und Tausendfüßler von *A. Kaestner.* 96 Seiten, 55 Abbildungen. 1955. (1161)
IV, 3: Insekten von *H. von Lengerken.* 2., verbesserte Auflage. 140 Seiten, 59 Abbildungen. 1966. (594)
V: Weichtiere. Urmollusken, Schnecken, Muscheln und Kopffüßer von *S. Jaeckel.* 92 Seiten. 34 Figuren. 1954. (440)
VI: Stachelhäuter. Tentakulaten, Binnenatmer und Pfeilwürmer von *S. Jaeckel.* 100 Seiten, 46 Abbildungen. 1955. (441)
VII, 1: Manteltiere, Schädellose, Rundmäuler von *Th. Haltenorth.* In Vorbereitung. (448)
VII, 2: Fische von *D. Lüdemann.* 130 Seiten, 65 Abbildungen. 1955. (356)
VII, 3: Lurche (Chordatiere) von *K. Herter.* 143 Seiten, 129 Abbildungen. 1955. (847)
VII, 4: Kriechtiere (Chordatiere) von *K. Herter.* 200 Seiten, 142 Abbildungen. 1960. (447/447a)
VII, 5: Vögel (Chordatiere) von *H.-A. Freye.* 156 Seiten, 69 Figuren. 1960. (869)
VII, 6: Säugetiere (Chordatiere) von *Th. Haltenorth.* In Vorbereitung. (282)

Land- und Forstwirtschaft

Landwirtschaftliche Tierzucht. Die Züchtung und Haltung der landwirtschaftlichen Nutztiere von *H. Vogel.* 139 Seiten, 11 Abbildungen. 1952. (228)

Kulturtechnische Bodenverbesserungen von *O. Fauser.* 2 Bände. 5., verbesserte und vermehrte Auflage.
I: Allgemeines, Entwässerung. 127 Seiten, 49 Abbildungen. 1959. (691)
II: Bewässerung, Ödlandkultur, Flurbereinigung. 159 Seiten, 71 Abbildungen. 1961. (692)

Agrikulturchemie von *K. Scharrer.* 2 Bände.
I: Pflanzenernährung. 143 Seiten. 1953. (329)
II: Futtermittelkunde. 192 Seiten. 1956. (330/330a)

Geologie, Mineralogie, Kristallographie

Geologie von *F. Lotze.* 3., verbesserte Auflage. 179 Seiten, 80 Abbildungen. 1965. (13/13a)

Mineral- und Erzlagerstättenkunde von *H. Huttenlocher †.* 2 Bände. 2., neubearbeitete Auflage von *P. Ramdohr.*
I: 137 Seiten, 40 Abbildungen, 2 Tabellen. 1965. (1014/1014a)
II: 135 Seiten, 41 Abbildungen. 1965. (1015/1015a)

Allgemeine Mineralogie. 11., erweiterte Auflage der „Mineralogie" von *R. Brauns †*, neubearbeitet von *K. F. Chudoba*. 152 Seiten, 143 Textfiguren, 1 Tafel, 3 Tabellen. 1963. (29/29a)

Spezielle Mineralogie. 11., erweiterte Auflage der „Mineralogie" von *R. Brauns †*, bearbeitet von *K. F. Chudoba*. 193 Seiten, 127 Textfiguren, 6 Tabellen. 1964. (31/31a)

Petrographie (Gesteinskunde) von *W. Bruhns †*. Neubearbeitet von *P. Ramdohr* 6., erweiterte Auflage. Etwa 141 Seiten, 21 Figuren. 1966. (173)

Kristallchemie von *J. Zemann*. Etwa 160 Seiten, 90 Abbildungen. 1966. (1220/1220a)

Kristallographie von *W. Bruhns †*. 6. Auflage, neubearbeitet von *P. Ramdohr*. 115 Seiten, 164 Abbildungen. 1965. (210)

Einführung in die Kristalloptik von *E. Buchwald*. 5., verbesserte Auflage. 128 Seiten. 117 Figuren. 1963. (619/619a)

Lötrohrprobierkunde. Mineraldiagnose mit Lötrohr und Tüpfelreaktion von *M. Henglein*. 4., durchgesehene und erweiterte Auflage. 108 Seiten, 12 Figuren. 1962. (483)

Technik

Graphische Darstellung in Wissenschaft und Technik von *M. Pirani.* 3., erweiterte Auflage bearbeitet von *J. Fischer* unter Benutzung der von *I. Runge* besorgten 2. Auflage. 216 Seiten, 104 Abbildungen. 1957. (728/728a)

Technische Tabellen und Formeln von *W. Müller.* 5., verbesserte und erweiterte Auflage von *E. Schulze.* 165 Seiten, 114 Abbildungen, 99 Tafeln. 1962. (579)

Einführung in die Arbeitswissenschaft von *H. H. Hilf.* 164 Seiten, 57 Abbildungen. 1964. (1212/1212a)

Grundlagen der Straßenverkehrstechnik. Theorie der Leistungsfähigkeit von *E. Engel.* 101 Seiten, 55 Abbildungen. 1962. (1198)

Elektrotechnik

Grundlagen der allgemeinen Elektrotechnik von *O. Mohr.* 3. Auflage. 260 Seiten, 136 Bilder, 14 Tafeln. 1965. (196/196a)

Die Gleichstrommaschine von *K. Humburg.* 2 Bände. 2., durchgesehene Auflage.
I: 102 Seiten, 59 Abbildungen. 1956. (257)
II: 101 Seiten, 38 Abbildungen. 1956. (881)

Die Synchronmaschine von *W. Putz.* 92 Seiten, 64 Bilder. 1962. (1146)

Induktionsmaschinen von *F. Unger.* 2., erweiterte Auflage. 142 Seiten, 49 Abbildungen. 1954. (1140)

Die komplexe Berechnung von Wechselstromschaltungen von *H. H. Meinke.* 3., neubearb. Aufl. 185 S., 126 Abb. 1965. (1156/1156a)

Theoretische Grundlagen zur Berechnung der Schaltgeräte von *F. Kesselring.* 4. Auflage. In Vorbereitung. (711)

Einführung in die Technik selbsttätiger Regelungen von *W. zur Megede.* 3., durchgesehene Aufl. 180 S., 86 Abb. 1966. In Vorb. (714/714a)

Elektromotorische Antriebe (Grundlagen für die Berechnung) von *A. Schwaiger.* 4., neubearbeitete Auflage. In Vorbereitung. (827)

Überspannungen und Überspannungsschutz von *G. Frühauf.* Durchgesehener Neudruck. 122 Seiten, 98 Abbildungen. 1950. (1132)

Elektrische Höchstspannungs-Schaltanlagen. Für Freiluft und Innenanordnung von *G. Meiners* und *K.-H. Wiesenewsky.* 138 Seiten, 58 Abbildungen. 1964. (796/796a)

Transformatoren von *W. Schäfer.* 4., überarbeitete und ergänzte Auflage. 130 Seiten, 73 Abbildungen. 1962. (952)

Maschinenbau

Thermische Verfahrenstechnik von *H. Bock.* 3 Bände.
I: Eigenschaften und Verhalten der realen Stoffe. 164 Seiten, 28 Abbildungen. 1963. (1209/1209a)
II: Funktion und Berechnung der elementaren Geräte. 195 Seiten, 54 Abbildungen. 1964. (1210/1210a)
III: Fließbilder, ihre Funktion und ihr Zusammenbau aus Geräten. 224 Seiten, 67 Abbildungen. 1965. (1211/1211a)

Technische Thermodynamik von *U. Grigull.* Mit 74 Abbildungen, 7 Tabellen. 1966. In Vorbereitung (1084/1034a)

Metallkunde von *H. Borchers*. 3 Bände.
I: Aufbau der Metalle und Legierungen. 6. Auflage. 120 Seiten, 90 Abbildungen, 2 Tabellen. 1964. (432)
II: Eigenschaften, Grundzüge der Form- und Zustandsgebung. 5., ergänzte und durchgesehene Auflage. 182 Seiten, 107 Abbildungen, 10 Tabellen. 1963. (433/433a)
III: Die metallkundlichen Untersuchungsmethoden von *E. Hanke*. In Vorbereitung (434)

Die Werkstoffe des Maschinenbaues von *A. Thum †* und *C. M. v. Meysenbug*. 2 Bände.
I: Einführung in die Werkstoffprüfung. 2., neubearbeitete Auflage. 100 Seiten, 7 Tabellen, 56 Abbildungen. 1956. (476)
II: Die Konstruktionswerkstoffe. 132 Seiten, 40 Abbildungen. 1959. (936)

Dynamik von *W. Müller*. 2 Bände. 2., verbesserte Auflage.
I: Dynamik des Einzelkörpers. 128 Seiten, 48 Figuren. 1952. (902)
II: Systeme von starren Körpern. 102 Seiten, 41 Figuren. 1952. (903)

Technische Schwingungslehre von *L. Zipperer*. 2 Bände. 2., neubearbeitete Auflage.
I: Allgemeine Schwingungsgleichungen, einfache Schwinger. 120 Seiten, 101 Abbildungen. 1953. (953)
II: Torsionsschwingungen in Maschinenanlagen. 102 Seiten, 59 Abbildungen. 1955. (961/961a)

Werkzeugmaschinen für Metallbearbeitung von *K. P. Matthes*. 2 Bände.
I: 100 Seiten, 27 Abbildungen, 11 Zahlentafeln, 1 Tafelanhang. 1954. (561)
II: Fertigungstechnische Grundlagen der neuzeitlichen Metallbearbeitung. 101 Seiten, 30 Abbildungen, 5 Tafeln. 1955. (562)

Das Maschinenzeichnen mit Einführung in das Konstruieren von *W. Tochtermann*. 2 Bände. 4. Auflage.
I: Das Maschinenzeichnen. 156 Seiten, 75 Tafeln. 1950. (589)
II: Ausgeführte Konstruktionsbeispiele. 130 Seiten, 58 Tafeln. 1950. (590)

Die Maschinenelemente von *E. A. vom Ende †*. 4., überarbeitete Auflage. 184 Seiten, 179 Figuren, 11 Tafeln. 1963. (3/3a)

Die Maschinen der Eisenhüttenwerke von *L. Engel*. 156 Seiten, 95 Abbildungen. 1957. (583/583a)

Walzwerke von *H. Sedlaczek †* unter Mitarbeit von *F. Fischer* und *M. Buch*. 232 Seiten, 157 Abbildungen. 1958. (580/580a)

Getriebelehre von *P. Grodzinski †*. 2 Bände. 3., neubearbeitete Auflage von *G. Lechner*.
I: Geometrische Grundlagen. 164 S., 131 Fig. 1960. (1061)
II: Angewandte Getriebelehre. In Vorbereitung. (1062)

Kinematik von *H. R. Müller*. 171 Seiten, 75 Figuren. 1963. (584/584a)

Gießereitechnik von *H. Jungbluth*. 2 Bände.
I: Eisengießerei. 126 Seiten, 44 Abbildungen. 1951. (1159)

Die Dampfkessel einschließlich Feuerungen und Hilfseinrichtungen. Physikalische und chemische Grundlagen, Berechnung und Konstruktion, Vorschriften und Beispiele von *W. Marcard*. 3., neubearbeitete Auflage von *G. Beyer*. 2 Bände.
- I: Physikalische und chemische Grundlagen, Wärmelehre, Wärmeübertragung, Verbrennung. 133 Seiten, 35 Bilder, 26 Tabellen. 1964. (9/9a)
- II: Berechnung und Konstruktion, Dampfkessel, Hilfseinrichtungen. Feuerungen, Berechnungen. Etwa 120 Seiten, 45 Bilder. 1966. (521/521a)

Die Dampfturbinen. Ihre Wirkungsweise, Berechnung und Konstruktion von *C. Zietemann*. 3 Bände.
- I: Theorie der Dampfturbinen. 4. Auflage. 139 Seiten, 48 Abbildungen. 1966. In Vorbereitung. (274)
- II: Die Berechnung der Dampfturbinen und die Konstruktion der Einzelteile. 4., verbesserte Auflage. 132 Seiten, 111 Abbildungen. 1966. In Vorbereitung. (715)
- III: Die Regelung der Dampfturbinen, die Bauarten, Turbinen für Sonderzwecke, Kondensationsanlagen. 3., verbesserte Auflage. 126 Seiten, 90 Abbildungen. 1956. (716)

Verbrennungsmotoren von *W. Endres*. 3 Bände.
- I: Überblick. Motor-Brennstoffe. Verbrennung im Motor allgemein, im Otto- und Diesel-Motor. 153 Seiten, 57 Abbildungen. 1958. (1076, 1076a)
- II: Gaswechselvorgang. Aufladen. Leistung, mittl. Druck, Reibung. Wirkungsgrade und Kraftstoffverbrauch. Etwa 170 Seiten, 61 Abbildungen. 1966. (1184/1184a)
- III: Die Einzelteile des Verbrennungsmotors. In Vorbereitung. (1185/1185a)

Autogenes Schweißen und Schneiden von *H. Niese*. 5. Auflage, neubearbeitet von *A. Küchler*. 136 Seiten, 71 Figuren. 1953. (499)

Die elektrischen Schweißverfahren von *H. Niese*. 2. Auflage, neubearbeitet von *H. Dienst*. 136 Seiten, 58 Abbildungen. 1955. (1020)

Die Hebezeuge. Entwurf von Winden und Kranen von *G. Tafel*. 2., verbesserte Auflage. 176 Seiten, 230 Figuren. 1954. (414/414a)

Vermessungswesen

Vermessungskunde von *W. Großmann*. 3 Bände.
- I: Stückvermessung und Nivellieren. 12., verbesserte Auflage. 156 Seiten, 122 Figuren. 1965. (468)
- II: Horizontalaufnahmen und ebene Rechnungen. 9., verbesserte Auflage. 136 Seiten, 101 Figuren. 1963. (469)
- III: Trigonometrische und barometrische Höhenmessung. Tachymetrie und Absteckungen. 8., verbesserte Auflage. 140 Seiten, 102 Figuren. 1965. (862)

Kartographie von *V. Heissler*. 2. Auflage. 213 Seiten, 125 Abb., 8 Anlagen. 1966. (30/30a)

Photogrammetrie von *G. Lehmann*. 2., verbesserte und erweiterte Auflage. 205 Seiten, 136 Abbildungen. 1966. (1188/1188a)

Wasserbau

Wasserkraftanlagen von *A. Ludin* unter Mitarbeit von *W. Borkenstein.* 2 Bände.
I: Planung, Grundlagen und Grundzüge. 124 Seiten, 60 Abbildungen. 1955. (665)
II: Anordnung und Ausbildung der Hauptbauwerke. 184 Seiten, 91 Abbildungen. 1958. (666/666a)

Verkehrswasserbau von *H. Dehnert.* 3 Bände.
I: Entwurfsgrundlagen, Flußregelungen. 103 Seiten, 53 Abbildungen. 1950. (585)
II: Flußkanalisierung und Schiffahrtskanäle. 94 Seiten, 60 Abbildungen. 1950. (597)
III: Schleusen und Hebewerke. 98 Seiten, 70 Abbildungen. 1950. (1152)

Wehr- und Stauanlagen von *H. Dehnert.* 134 Seiten, 90 Abbildungen. 1952. (965)

Talsperren von *F. Tölke.* 122 Seiten, 70 Abbildungen. 1953. (1044)

Hoch- und Tiefbau

Die wichtigsten Baustoffe des Hoch- und Tiefbaus von *O. Graf †.* 4., verbesserte Auflage. 131 Seiten, 63 Abbildungen. 1953. (984)

Baustoffverarbeitung und Baustellenprüfung des Betons von *A. Kleinlogel.* 2., neubearbeitete und erweiterte Auflage. 126 Seiten, 35 Abbildungen. 1951. (978)

Festigkeitslehre. 2 Bände.
I: Elastizität, Plastizität und Festigkeit der Baustoffe und Bauteile von *W. Gehler †* und *W. Herberg.* Durchgesehener und erweiterter Neudruck. 159 Seiten, 118 Abbildungen. 1952. (1144)
II: Formänderung, Platten, Stabilität und Bruchhypothesen von *W. Herberg* und *N. Dimitrov.* 187 Seiten, 94 Abbildungen. 1955. (1145/1145a)

Grundlagen des Stahlbetonbaues von *A. Troche.* 2., neubearbeitete und erweiterte Auflage. 208 Seiten, 75 Abbildungen, 17 Bemessungstafeln, 20 Rechenbeispiele. 1953. (1078)

Statik der Baukonstruktionen von *A. Teichmann.* 3 Bände.
I: Grundlagen. 101 Seiten, 51 Abbildungen, 8 Formeltafeln. 1956. (119)
II: Statisch bestimmte Stabwerke. 107 Seiten, 52 Abbildungen, 7 Tafeln. 1957. (120)
III: Statisch unbestimmte Systeme. 112 Seiten, 34 Abbildungen, 7 Formeltafeln. 1958. (122)

Fenster, Türen, Tore aus Holz und Metall. Eine Anleitung zu ihrer guten Gestaltung, wirtschaftlichen Bemessung und handwerksgerechten Konstruktion von *W. Wickop †.* 5. Auflage geplant. (1092)

TECHNIK

Heizung und Lüftung von *W. Körting.* 2 Bände. 9., neubearbeitete Auflage.

I: Das Wesen und die Berechnung der Heizungs- und Lüftungsanlagen. 171 Seiten, 29 Abbildungen, 36 Zahlentafeln. 1962. (342/342a)

II: Die Ausführung der Heizungs- und Lüftungsanlagen. 1966. In Vorbereitung. (343)

Industrielle Kraft- und Wärmewirtschaft von *F. A. F. Schmidt* und *A. Beckers.* 167 Seiten, 73 Abbildungen. 1957. (318/318a)

Sammlung Göschen / Bandnummernfolge

1 Langosch, Der Nibelunge Nôt
3/3a v. Ende, Maschinenelemente
9/9a Marcard-Beyer, Dampfkessel I
10 Jiriczek-Wisniewski, Kudrun und Dietrich-Epen
13/13a Lotze, Geologie
18 Maurer, Hartmann von Aue, Der arme Heinrich
19 Altheim, Römische Geschichte I
20 Hofstaetter, Dt. Sprachlehre
22 Maurer, Gottfried von Strassburg
29/29a Brauns-Chudoba, Allgemeine Mineralogie
30/30a Heissler, Kartographie
31/31a Brauns-Chudoba, Spezielle Mineralogie
32 Schneider-Wisniewski, Deutsche Heldensage
35 Treue, Dt. Geschichte von 1648—1740
37/37a Klemm, Anorganische Chemie
38/38a Schlenk, Organische Chemie
39 Treue, Dt. Geschichte von 1713—1806
42 Behn-Hoernes, Vorgeschichte Europas
44 Kresze, Physikalische Methoden in der Organischen Chemie I
45/45a Kresze, Physikalische Methoden in der Organischen Chemie II
47 Fischer-Rohrbach, Arithmetik
51/51a Ringleb, Mathem. Formelsammlung
52 Bieler, Röm. Literaturgesch. I
59 Krahe, Indog. Sprachwiss. I
60 Biehle, Stimmkunde
61 Biehle, Redetechnik
64 Krahe, Indog. Sprachwiss. II
65/65a Grotemeyer, Analyt. Geometrie
66 Berneker-Vasmer, Russische Grammatik
70 Nestle-Liebich, Gesch. d. griechischen Literatur I
71 Schulze, Allgemeine und physikalische Chemie I
76 Döring, Einf. i. d. th. Physik I
77 Döring, Einf. i. d. th. Physik II
78 Döring, Einf. i. d. th. Physik III
79/79a Hempel, Got. Elementarbuch
80 Weigert, Stilkunde I
81 Schubert-Haussner-Erlebach Vierstell. Logarithmentafeln
86 Barner, Differential- u. Integralrechnung I
96 Hartmann, Einf. in die allgem. Biologie

99 Hessenberg-Kneser, Ebene und sphär. Trigonometrie
101 v. Wiese, Soziologie
103 Dahrendorf, Industrie- und Betriebssoziologie
104/104a Hofstätter, Sozialpsychologie
111 Hoffmann-Debrunner, Gesch. der griechischen Sprache I
114 Debrunner, Gesch. der griechischen Sprache II
117 Brandenstein, Griechische Sprachwissenschaft I
118/118a Brandenstein, Griechische Sprachwissenschaft II
119 Teichmann, Statik der Baukonstruktionen I
120 Teichmann, Statik der Baukonstruktionen II
122 Teichmann, Statik der Baukonstruktionen III
128/128a Lausberg, Romanische Sprachwissenschaft I
136 Mahler-Graewe, Physikal. Formelsammlung
141 Geitler, Morphologie der Pflanzen
142 Haack, Darst. Geometrie I
143 Haack, Darst. Geometrie II
144 Haack, Darst. Geometrie III
145/145a Weimer, Gesch. der Pädagogik
148 Kolms, Finanzwissenschaft I
156/156a Landmann, Philosophische Anthropologie
170 Oehlmann, Musik des 19. Jhs.
171/171a Oehlmann, Musik des 20. Jhs.
173 Bruhns-Ramdohr, Petrographie
174 Schlingloff, Religion des Buddhismus I
180 Böhm, Versicherungsmathematik I
184 Blümcke, Textilindustrie I
196/196a Mohr, Grundlagen der allgem. Elektrotechnik
200/200a Gottschald, Dt. Rechtschreibungswörterbuch
210 Bruhns-Ramdohr, Kristallographie
220/220a Moser, Allg. Musiklehre
221/221a Jander-Jahr-Knoll, Maßanalyse
222 Hassak-Beutel-Kutzelnigg, Warenkunde I
223 Hassak-Beutel-Kutzelnigg, Warenkunde II
226/226a Hofmann, Gesch. der Mathematik I
228 Vogel, Landw. Tierzucht
231/231a Ehrlich, Gesch. Israels
238 Krahe, Germ. Sprachwiss. I
243 Mahler-Graewe, Physikal. Aufgabensammlung
247/247a Hofmann-Jander, Qualitative Analyse
250 Lausberg, Romanische Sprachwissenschaft II
252 Vetter, Elektrochemie I
253 Vetter, Elektrochemie II
257 Humburg, Gleichstrommaschine I
264 Lockemann, Gesch. der Chemie I
265/265a Lockemann, Geschichte der Chemie II
270 Kirn, Einführung in die Geschichtswissenschaft
274 Zietemann, Dampfturbinen I
279 Jacob-Hohenleutner, Quellenkunde der deutschen Geschichte I
280 Jacob-Hohenleutner, Quellenkunde der deutschen Geschichte II
281 Leisegang, Einführung in die Philosophie
282 Haltenorth, Säugetiere
284 Jacob-Weden, Quellenkunde der deutschen Geschichte III
318/318a Schmidt-Beckers, Industrielle Kraft- u. Wärmewirtschaft
319 Krug, Australien und Ozeanien
329 Scharrer, Agrikulturchemie I
330/330a Scharrer, Agrikulturchemie II
335 Klug, Fette und Öle
336 Braun-Klug, Seifenfabrikation
342/342a Körting, Heizung und Lüftung I

343 Körting, Heizung und Lüftung II
344 Moser, Musikästhetik
354/354a Valentiner-König, Vektoren und Matrizen
355 Neger-Münch-Huber, Nadelhölzer
356 Lüdemann, Fische
374 Döring, Einf. i.d.th. Physik IV
375 Preller, Geschichte Englands I
389/389a Diels-Mattick, Pflanzengeographie
391 Kolms, Finanzwissenschaft II
394/394a Schilling, Von der Renaissance bis Kant
414/414a Tafel, Hebezeuge
422 Gottschald, Dt. Personennamen
423 Adler-Erlebach, Fünfstellige Logarithmen
432 Borchers, Metallkunde I
433/433a Borchers, Metallkunde II
434 Borchers-Hanke, Metallkunde III
435 Burau, Algebr. Kurven u. Flächen I
436/436a Burau, Algebr. Kurven und Flächen II
439 Jaeckel, Würmer
440 Jaeckel, Weichtiere
441 Jaeckel, Stachelhäuter
442 Hannemann, Schwämme und Hohltiere
443 Gruner-Deckert, Krebse
444 Reichenow Einzeller
445 Asmus, Physikal.-chem. Rechenaufgaben
447/447a Herter, Kriechtiere
448 Haltenorth, Manteltiere
452 Bahrdt-Scheer, Stöchiometrische Aufgabensammlung
468 Großmann, Vermessungskunde I
469 Großmann, Vermessungskunde II
476 Thum-Meysenbug, Die Werkstoffe des Maschinenbaues I
483 Henglein, Lötrohrprobierkunde
492/492a Stolz-Debrunner-Schmid Geschichte der lateinischen Sprache
499 Niese-Küchler, Autogenes Schweißen
500 Simmel, Hauptprobleme der Philosophie
521/521a Marcard-Beyer, Dampfkessel II
536 Lehmann, Kant
538 Rumpf, Archäologie I
539 Rumpf, Archäologie II
540 Rumpf, Archäologie III
557 Nestle-Liebich, Gesch. der griech. Literatur II
561 Matthes, Werkzeugmaschinen I
562 Matthes, Werkzeugmaschinen II
564 Behn-Hoernes, Kultur der Urzeit I
565 Behn-Hoernes, Kultur der Urzeit II
566 Behn-Hoernes, Kultur der Urzeit III
571 Lehmann, Philosophie des 19. Jahrhunderts I
576/576a Moser, Gesangskunst
579 Müller-Schulze, Techn. Tabellen
580/580a Sedlaczek-Fischer-Buch, Walzwerke
583/583a Engel, Maschinen der Eisenhüttenwerke
584/584a Müller, Kinematik
585 Dehnert, Verkehrswasserbau I
587 Kalitsunakis-Steinmetz, Neugriech.-dt. Gesprächsbuch
589 Tochtermann, Maschinenzeichnen I
590 Tochtermann, Maschinenzeichnen II
594 v. Lengerken, Insekten
597 Dehnert, Verkehrswasserbau II
601 Mutschmann-Scherer, Engl. Phonetik
608/608a/608b Erman-Krückmann, Hieroglyphen
619/619a Buchwald, Kristalloptik
665 Ludin-Borkenstein, Wasserkraftanlagen I
666/666a Ludin-Borkenstein, Wasserkraftanlagen II

668 Knopp, Funktionentheorie I
677 Altheim, Röm. Geschichte II
679 Altheim, Röm. Geschichte III
684 Altheim Röm. Geschichte IV
691 Fauser, Kulturtechn. Bodenverbesserungen I
692 Fauser, Kulturtechn. Bodenverbesserungen II
698/698a Schulze Allgemeine u. physikalische Chemie II
703 Knopp, Funktionentheorie II
708/708a/708b Meissner-Oberhuber, Keilschrift
709 Lehmann, Philosophie des 19 Jahrhunderts II
711 Kesselring, Berechnung der Schaltgeräte
714/714a zur Megede, Technik selbsttätiger Regelungen
715 Zietemann, Dampfturbinen II
716 Zietemann, Dampfturbinen III
718 Neger-Münch-Huber, Laubhölzer
728/728a Pirani-Fischer-Runge, Graph. Darstellung in Wissenschaft u. Technik
735 Ekwall, Historische neuengl. Laut- und Formenlehre
746/746a Pfanzagl, Allg. Methodenlehre der Statistik I
747/747a Pfanzagl, Allg. Methodenlehre der Statistik II
756/756a Kalitsunakis, Gramm. d. Neugriech. Volksspr.
763/763a/763b Meyer, Hebräische Grammatik I
764/764a/764b Meyer, Hebräische Grammatik II
765/765a/765b Meyer, Hebräische Grammatik III
768/768a Bieberbach, Einführung in die konforme Abbildung
769/769a Beer-Meyer, Hebräisches Textbuch
770 Schlingloff, Religion des Buddhismus II
776 Kolms, Finanzwissensch. III
780 Krahe, Germ. Sprachwiss. II
781 Weigert Stilkunde II
782/782a Kolms, Finanzwissenschaft IV
786 Schulze, Molekülbau
796/796a Meiners-Wiesenewsky, Elektr. Höchstspannungs-Schaltanlagen
807 Kropp, Erkenntnistheorie
809 Moser Harmonielehre I
810 Moser Harmonielehre II
826 Koch, Philosophie d. Mittelalters
827 Schwaiger, Elektromotorische Antriebe
831 Erismann, Allg. Psychologie I
832/832a Erismann, Allg. Psychologie II
833 Erismann, Allg. Psychologie III
834/834a Erismann, Allg. Psychologie IV
837/837a Baumgartner, Gruppentheorie
845 Lehmann, Philosophie im ersten Drittel des 20. Jhs. I
847 Herter, Lurche
850 Lehmann, Philosophie im ersten Drittel des 20 Jhs. II
851/851a Moede, Psychologie des Berufs- und Wirtschaftslebens
857 Capelle, Griech. Philosophie I
858 Capelle, Griech. Philos. II
859 Capelle, Griech. Philos. III
862 Großmann, Vermessungskunde III
863 Capelle, Griech. Philos. IV
866 Bieler, Röm. Literaturgeschichte II
869 Freye, Vögel
875 Hofmann, Geschichte der Mathematik II
877 Knopp, Aufgabensammlung zur Funktionentheorie I
878 Knopp, Aufgabensammlung zur Funktionentheorie II
881 Humburg, Gleichstrommaschine II
882 Hofmann, Geschichte der Mathematik III
883 Stuloff, Mathematik der neuesten Zeit

893 Treue, Dt. Geschichte von 1806—1890
894 Treue, Dt. Geschichte von 1890 bis zur Gegenwart
902 Müller, Dynamik I
903 Müller, Dynamik II
910 Jaeger, Afrika I
911 Jaeger, Afrika II
915 Sperber-v. Polenz, Gesch. der Deutschen Sprache
917/917a Böhm, Versicherungsmathematik II
920/920a Hoheisel, Gewöhnliche Differentialgleichungen
921 Jantzen-Kolb, W. v. Eschenbach. Parzival
924/924a Brandenstein, Griechische Sprachwissenschaft III
929 Schirmer-Mitzka, Dt. Wortkunde
930 Krull, Elementare und klassische Algebra I
931 Hasse, Höhere Algebra I
932 Hasse, Höhere Algebra II
933 Krull, Elementare und klassische Algebra II
936 Thum-Meysenbug, Werkstoffe d. Maschinenbaues II
942/942a Damerau, Polnische Grammatik
952 Schäfer, Transformatoren
953 Zipperer, Techn. Schwingungslehre I
961/961a Zipperer, Techn. Schwingungslehre II
965 Dehnert, Wehr- und Stauanlagen
970/970a Baldus-Löbell, Nichteuklidische Geometrie
972/972a Herter-Urich, Vergleichende Physiologie der Tiere I
973 Herter-Birukow, Vergleichende Physiologie der Tiere II
978 Kleinlogel, Baustoffverarbeitung und Baustellenprüfung d. Betons
984 Graf, Baustoffe des Hoch- und Tiefbaues
999/999a Kamke, Mengenlehre
1000 Jaspers, Geistige Situat. der Zeit
1003 Hoheisel, Partielle Differentialgleichung
1008/1008a Mellerowicz, Allgem. Betriebswirtschaftslehre I
1009 Bechert-Gerthsen-Flammersfeld, Atomphysik I
1014/1014a Huttenlocher-Ramdohr, Mineral- und Erzlagerstättenkunde I
1015/1015a Huttenlocher-Ramdohr, Mineral- u. Erzlagerstättenkunde II
1017 Döring, Einf. i. d. th. Physik V
1020 Niese-Dienst, Elektrische Schweißverfahren
1031/1031a Apel-Ludz, Philosophisches Wörterbuch
1033 Bechert-Gerthsen-Flammersfeld, Atomphysik II
1034 Kranefeldt-Jung, Therapeutische Psychologie
1035 Altheim, Röm. Religionsgeschichte I
1039 Dovifat, Zeitungslehre I
1040 Dovifat, Zeitungslehre II
1044 Tölke, Talsperren
1045 Schubert, Technik des Klavierspiels
1051/1051a Stolberg-Wernigerode, Gesch. d. Vereinigten Staaten
1052 Altheim, Röm. Religionsgeschichte II
1059/1059a Hoheisel, Aufgabenslg. z. d. gew. u. part. Differentialgleichungen
1061 Grodzinski-Lechner, Getriebelehre I
1062 Grodzinski-Lechner, Getriebelehre II
1065 Haller-Dannenbauer, Von d. Karolingern zu den Staufern
1070 Sauter, Differentialgleichungen der Physik
1074 Koschmieder, Variationsrechnung I
1075 Koschmieder, Variationsrechnung II
1076/1076a Endres, Verbrennungsmotoren I

1077 Haller-Dannenbauer, Von den Staufern zu den Habsburgern
1078 Troche, Stahlbetonbau
1082 Hasse-Klobe, Aufgabensammlung zur höheren Algebra
1084/1084a Grigull, Techn. Thermodynamik
1085 Lietzmann-Aland, Zeitrechnung
1086 Müller, Dt. Dichten und Denken
1088 Preller, Gesch. Englands II
1092 Wickop, Fenster, Türen, Tore
1094 Hernried, System, Modulation
1096 Viëtor, Dt. Dichten und Denken
1099 Hoheisel, Integralgleichungen
1105 Hartung, Dt. Geschichte im Zeitalter der Reformation
1108 de Boor-Wisniewski, Mittelhochdeutsche Grammatik
1109 Knopp, Elemente der Funktionentheorie
1111/1111a Naumann-Betz, Althochdt. Elementarbuch
1113/1113a Strubecker, Differentialgeometrie I
1114 Schubel, Engl. Literaturgeschichte I
1115/1115a Ranke-Hofmann, Altnord. Elementarbuch
1116 Schubel, Engl. Literaturgeschichte II
1117 Haller-Dannenbauer, Eintritt der Germanen in die Geschichte
1121 Naumann, Dt. Dichten u. Denken
1122 Feist, Sprechen und Sprachpflege
1123/1123a Bechert-Gerthsen-Flammersfeld, Atomphysik III
1124 Schubel, Engl. Literaturgeschichte III
1125 Lehnert, Altengl. Elementarbuch
1127 Hartmann, Geschlecht u. Geschlechtsbestimmung im Tier und Pflanzenreich
1128 Buchner, Symbiose d. Tiere
1130 Dibelius-Kümmel, Jesus
1131 Scholz-Schoeneberg, Einführung in die Zahlentheorie
1132 Frühauf, Überspannungen
1134 Kuckuck, Pflanzenzüchtung I
1135 Lehnert, Beowulf
1137 Heil, Entwicklungsgesch. d. Pflanzenreiches
1138 Hämmerling, Fortpflanzung im Tier- und Pflanzenreich
1140 Unger, Induktionsmaschine
1141 Koller, Hormone
1142 Meissner-Lehnert, Shakespeare
1144 Gehler-Herberg, Festigkeitslehre I
1145/1145a Herberg-Dimitrov, Festigkeitslehre II
1146 Putz, Synchronmaschine
1147 v. Waltershausen, Kunst d. Dirigierens
1148 Pepping, Der polyphone Satz I
1152 Dehnert, Verkehrswasserbau III
1153/1153a Mellerowicz, Allgem. Betriebswirtschaftslehre II
1154/1154a Mellerowicz, Allgem. Betriebswirtschaftslehre III
1155 Schwartz, Mikrobiologie I
1156/1156a Meinke, Komplexe Berechnungen v. Wechselstromschaltungen
1157 Schwartz, Mikrobiologie II
1158/1158a Mayrhofer, Sanskrit-Grammatik
1159 Jungbluth, Gießereitechnik I
1160 Dibelius-Kümmel, Paulus
1161 Kaestner, Spinnentiere
1162 Seidel, Entwicklungsphysiologie der Tiere I
1163 Seidel, Entwicklungsphysiologie der Tiere II
1164/1164a Pepping, Der polyphone Satz II

1165/1165a Bechert-Gerthsen-Flammersfeld Atomphysik IV
1169 Paulsen, Allgemeine Volkswirtschaftslehre I
1170 Paulsen, Allgemeine Volkswirtschaftslehre II
1171 Paulsen. Allgemeine Volkswirtschaftslehre III
1172 Paulsen, Allgemeine Volkswirtschaftslehre IV
1173/1173a Hamann-Funke-Hermann, Chemie der Kunststoffe
1176/1176a Lorenzen, Form Logik
1178/1178a Kuckuck, Pflanzenzüchtung II
1179/1179a Strubecker Differentialgeometrie II
1180/1180a Strubecker Differentialgeometrie III
1181 Franz, Topologie I
1182/1182a Franz, Topologie II
1183/1183a Nicolas, Finanzmathematik
1184/1184a Endres, Verbrennungsmotoren II
1185/1185a Endres, Verbrennungsmotoren III
1186/1186a Mellerowicz, Allgem. Betriebswirtschaftslehre IV
1187 Lau, Luther
1188/1188a Lehmann, Photogrammetrie
1189/1189a Päsler, Mechanik
1190 Stupperich Melanchthon
1191/1191a Bräuer, Slav. Sprachwissenschaft I
1193 Fürstenberg, Wirtschaftssoziologie
1194 Wendt, Gesch. d. Volkswirtschaftslehre
1195 Ohm Allgem. Volkswirtschaftspolitik I
1196 Ohm, Allgem. Volkswirtschaftspolitik II
1197/1197a Onasch, Einf. in die Konfessionskunde der orthodoxen Kirchen
1198 Engel, Straßenverkehrstechnik
1199 Lausberg, Romanische Sprachwissenschaft III, 1. Teil
1200/1200a Lausberg, Romanische Sprachwissenschaft III, 2. Teil
1201/1201a Dehn, Versuche zur allgem. u. phys. Chemie
1202/1202a Nagel, Gesch. des christl. Gottesdienstes
1203 Wendland, Sozialethik
1204 Scheurig, Zeitgeschichte
1205/1205a Hofmann Ideengeschichte d. soz. Bewegung
1206/1206a Langen Lineare Programmierung
1208 Lausberg, Romanische Sprachwissenschaft IV
1209/1209a Bock, Therm. Verfahrenstechnik I
1210/1210a Bock. Therm. Verfahrenstechnik II
1211/1211a Bock, Therm. Verfahrenstechnik III
1212/1212a Hilf, Arbeitswissenschaft
1213/1213a Kosiol, Buchhaltung und Bilanz
1216/1216a Bauer, Wahrscheinlichkeitstheorie I
1217 Bauer, Wahrscheinlichkeitstheorie II
1218/1218a/1218b Meid, Germ. Sprachwiss. III
1219 Schmidt-Clausing, Zwingli
1220/1220a Zemann, Kristallchemie
1221 Gerdes, Kierkegaard
1222 Tschižewskij, Slav. Literaturen I
1223 Tschižewskij, Slav. Literaturen II

Autorenregister

Printed in Germany 150. II. 66

FSC
www.fsc.org
MIX
Papier | Fördert gute Waldnutzung
FSC® C083411

Zeitfracht Medien GmbH
Ferdinand-Jühlke-Straße 7
99095 Erfurt, Deutschland
produktsicherheit@kolibri360.de